U0287304

# 弹 性 力 学

彭一江　陈适才　彭凌云　编著

科 学 出 版 社

北 京

# 内 容 简 介

本书系统全面地介绍弹性力学空间问题的基本理论、基本原理、基本方法及其应用,旨在为从事工程结构分析建立空间的力学概念,打下坚实的三维力学理论基础,培养利用理论分析方法和数值分析方法研究复杂弹性力学问题和解决实际问题的能力.

全书共 7 章,包括弹性力学绪论、三维应力应变状态、空间直角坐标系下的基本方程及基本解法、空间曲线坐标系下的基本方程及基本解法、薄板问题的基本方程及基本解法、能量原理及近似解法和弹性力学问题的数值分析方法.每章后附有思考题和习题供读者思考和训练.附录中给出利用MATLAB 语言编制的计算各种弹性力学问题应力和位移场的计算机程序.

本书可以作为工科专业本科生或研究生教材,亦可供从事结构分析的科研和工程技术人员参考.

**图书在版编目(CIP)数据**

弹性力学/彭一江, 陈适才, 彭凌云编著. —北京: 科学出版社, 2015.7
ISBN 978-7-03-045313-6

I. ①弹… Ⅱ. ①彭… ②陈… ③彭… Ⅲ. ①弹性力学 Ⅳ. ①O343

中国版本图书馆 CIP 数据核字 (2015) 第 180626 号

责任编辑: 刘信力 / 责任校对: 蒋 萍
责任印制: 赵 博 / 封面设计: 陈 敬

科学出版社 出版
北京东黄城根北街 16 号
邮政编码: 100717
http://www.sciencep.com

北京虎彩文化传播有限公司印刷
科学出版社发行 各地新华书店经销

\*

2015 年 8 月第 一 版 开本: 720×1000 1/16
2024 年 3 月第七次印刷 印张: 11 1/2 插页: 4
字数: 215 000
**定价: 49.00 元**
(如有印装质量问题, 我社负责调换)

# 前　　言

弹性力学是一门技术基础学科, 是近代工程技术的必要基础之一. 在现代工程, 特别是土木工程、水利工程、机械工程、航天航空工程等大型结构的计算、分析、设计中, 都广泛应用弹性力学的基本知识、基本理论和基本方法. 同时, 弹性力学也是一门力学基础学科, 它的研究方法被广泛应用于其他学科和领域. 它不仅是塑性力学、有限单元法、复合材料力学、断裂力学、结构动力分析和一些专业课程的基础, 也是许多大型结构分析软件 (如 ABAQUS、ANSYS 和 SAP2000 等) 的核心内容.

但是, 在弹性力学课程的教学中也存在一些问题: (1) 教学内容与工程实际相脱节, 弹性力学先行课程材料力学、结构力学通常只讲平面问题, 而传统的弹性力学大多也是以讲平面问题为主, 学生缺少空间的力学概念和对实际问题的思考; (2) 理论教学与学生工程能力培养脱节, 目前弹性力学课程的教学过于注重数学公式的推导, 忽略了结果的对比分析, 学生普遍感到弹性力学比较难学, 内容抽象、公式推导多、推导出的公式不知有何种工程用途, 也不知推导出公式的对错; (3) 教学与科研及工程脱节, 目前的弹性力学教学过于偏重对古典问题解答的教学和传授, 缺少对学生解决复杂的工程问题或科学问题能力的培养和引导, 因此, 学生不会利用弹性力学的理论来灵活解决实际科学和工程问题, 缺少分析实际问题的力学概念、思路和手段; (4) 教学与现代科学技术脱节, 当代的弹性力学教学中, 通常只教授弹性力学的解析解法, 缺少对弹性力学中实验分析方法和数值分析方法的介绍和训练. 这样, 学生不能熟练利用现代分析工具和手段, 进行弹性力学问题的研究.

本书作者结合多年弹性力学课程的教学与研究工作, 对教学内容进行深入思考, 尝试对教材内容进行一些改革, 旨在通过弹性力学教材来传递知识、提高素质、培养能力.

本书的特点是: (1) 从工程实际出发, 直接从空间问题入手, 给学生建立空间问题的受力和变形基本概念, 建立基本理论, 考虑分析方法; (2) 拓宽学生的知识面, 增加柱坐标、球坐标系下的弹性方程、能量法、数值解法的内容; (3) 不仅使学生学会理论分析方法, 也要学生掌握数值分析工具, 增加理论分析方法结果与数值分析方法结果的对比分析, 以及工程案例分析; (4) 加强学生的动手能力和结果分析能力, 增加 MATLAB 语言介绍和大型通用结构分析软件介绍, 使学生能熟练利用现代数学工具, 进行弹性力学分析.

本书系统全面地介绍弹性力学空间问题的基本理论、基本原理、基本方法及其应用, 旨在为从事工程结构分析建立空间的力学概念, 打下坚实的三维力学理论基础, 培养利用理论分析方法和数值分析方法研究复杂弹性力学问题和解决实际问题的能力. 讲述中贯穿对弹性力学概念和基本思路的阐述, 既突出弹性理论推导方法的应用, 又注重研究结果的对比分析, 以及加强灵活运用弹性理论来对复杂科学和工程问题进行数值分析.

　　全书共 7 章, 第 1 章介绍弹性力学的发展简史、基本假设、基本研究思路和基本方法; 第 2 章全面论述三维弹性力学问题的基本理论和基本方程; 第 3 章全面介绍直角坐标系下的基本理论分析方法; 第 4 章着重介绍曲线坐标系下的基本理论、基本方程及应用算例; 第 5 章介绍薄板弯曲问题的基本概念、基本方程和基本解法; 第 6 章讨论弹性力学的能量法和近似解法; 第 7 章着重介绍最为常用的数值分析方法 —— 有限元法的基本原理、各种单元特性和大型结构分析软件的功能, 给出一些新型有限元法的应用算例. 每章后附有思考题和习题供读者思考和训练. 附录中给出利用 MATLAB 语言编制的计算各种弹性力学问题应力和位移场的计算机程序. 第 7 章内容可视具体情况提前到第 2 章之后学习.

　　本书可以作为工科专业本科生或研究生教材, 亦可供从事结构分析的科研和工程技术人员参考.

　　本书第 2 章和第 4 章的极坐标部分由陈适才执笔, 第 3 章由彭凌云执笔, 第 1 章、第 4 章的柱坐标和球坐标部分、第 5~ 第 7 章由彭一江执笔. 彭一江的研究生褚昊、白亚琼、李瑞雪和窦林瑞承担了全书算例的有限元数值解的对比分析和附录 (应力、位移场的 MATLAB 计算程序) 内容的撰写工作, 以及彭一江撰写章节的文字录入和插图绘制的工作. 全书及计算分析由彭一江进行补充、修改和统稿. 在此向这 4 位研究生的协助表示深切的感谢. 在全书的编写过程中, 作者参考和吸收了许多同类教材的内容和长处, 特此向这些教材的作者表示衷心的感谢.

　　由于作者水平有限, 书中难免存在疏漏之处, 恳请广大读者批评指正.

彭一江

2015 年 1 月 26 日

# 目　　录

# 主要符号表

| | |
|---|---|
| $x, y, z$ | 直角坐标 |
| $r, \theta, z$ | 柱坐标 |
| $r, \theta$ | 极坐标 |
| $r, \theta, \phi$ | 球坐标 |
| $e_1, e_2, e_3$ | 坐标单位矢量 |
| $\boldsymbol{n}$ | 物体内微分截面或边界上外法线方向的单位矢量 |
| $l_1, l_2, l_3$ | 外法线的方向余弦 |
| $I_x, I_y, I_z$ | 横截面对 $x$ 轴、$y$ 轴和 $z$ 轴的惯性矩 |
| $g$ | 重力加速度 |
| $\rho$ | 密度 |
| $q$ | 连续分布荷载的集度 |
| $F_x, F_y, F_z$ | 单位体积体力的直角坐标分量 |
| $F_r, F_\theta, F_z$ | 单位体积体力的柱坐标分量 |
| $F_r, F_\theta, F_\phi$ | 单位体积体力的球坐标分量 |
| $\overline{F}_x, \overline{F}_y, \overline{F}_z$ | 面力的直角坐标分量 |
| $\sigma_{ij}$ | 应力张量 |
| $\sigma_n, \tau_n$ | 任意截面上的正应力和切应力 |
| $\sigma_x, \sigma_y, \sigma_z$ | 直角坐标系中的正应力分量 |
| $\tau_{xy}, \tau_{yz}, \tau_{zx}, \tau_{xz}, \tau_{zy}, \tau_{yx}$ | 直角坐标系中的切应力分量 |
| $\sigma_r, \sigma_\theta, \sigma_z$ | 柱坐标系中的正应力分量 |
| $\tau_{r\theta}, \tau_{\theta z}, \tau_{zr}, \tau_{rz}, \tau_{z\theta}, \tau_{\theta r}$ | 柱坐标系中的切应力分量 |
| $\sigma_r, \sigma_\theta, \sigma_\phi$ | 球坐标系中的正应力分量 |
| $\tau_{r\theta}, \tau_{\theta\phi}, \tau_{\phi r}, \tau_{\theta r}, \tau_{r\phi}, \tau_{\phi\theta}$ | 球坐标系中的切应力分量 |
| $\sigma_r, \sigma_\theta, \tau_{r\theta}, \tau_{\theta r}$ | 极坐标系中的应力分量 |
| $\boldsymbol{p}$ | 任意斜截面上的应力矢量 |

| | |
|---|---|
| $p_x, p_y, p_z$ | $p$ 的直角坐标分量 |
| $\boldsymbol{u}$ | 位移矢量 |
| $u, v, w$ | 位移的直角坐标分量 |
| $u_r, u_\theta, u_z$ | 位移的柱坐标分量 |
| $u_r, u_\theta, u_\phi$ | 位移的球坐标分量 |
| $u_r, u_\theta$ | 位移的极坐标分量 |
| $\varepsilon_x, \varepsilon_y, \varepsilon_z, \gamma_{yz}, \gamma_{xz}, \gamma_{xy}$ | 直角坐标系中的正应变分量和切应变分量 |
| $\varepsilon_r, \varepsilon_\theta, \varepsilon_z, \gamma_{\theta z}, \gamma_{rz}, \gamma_{r\theta}$ | 柱坐标系中的正应变分量和切应变分量 |
| $\varepsilon_r, \varepsilon_\theta, \varepsilon_\phi, \gamma_{\theta\phi}, \gamma_{r\phi}, \gamma_{r\theta}$ | 球坐标系中的正应变分量 |
| $\varepsilon_r, \varepsilon_\theta, \gamma_{r\theta}$ | 极坐标系中的应变分量 |
| $\varTheta$ | 体积应变 |
| $I_1, I_2, I_3$ | 应力张量不变量 |
| $J_1, J_2, J_3$ | 应变张量不变量 |
| $E$ | 弹性模量 (或杨氏模量) |
| $G$ | 剪切弹性模量 |
| $\nu$ | 泊松比 |
| $\mu, \lambda$ | 拉梅弹性常数 |
| $\Phi(x, y)$ | 应力函数 |
| $M_x, M_y$ | 板横截面单位宽度上的弯矩 |
| $M_{xy}, M_{yx}$ | 板横截面单位宽度上的扭矩 |
| $Q_x, Q_y$ | 板横截面单位宽度上的横向剪力 |
| $w(x, y)$ | 板弯曲时的挠度 |
| $D$ | 板的抗弯刚度 |
| $W$ | 应变能密度 |
| $W_D$ | 应变能 |
| $W^*$ | 应变余能密度 |
| $W_D^*$ | 应变余能 |
| $\Pi$ | 弹性体的总势能 |
| $\Pi^*$ | 弹性体的总余能 |

| | |
|---|---|
| $\varepsilon$ | 应变列阵 |
| $\sigma$ | 应力列阵 |
| $\boldsymbol{F}^e$ | 单元节点力列阵 |
| $\boldsymbol{P}^e$ | 单元荷载列阵 |
| $\boldsymbol{\Delta}^e$ | 单元节点位移列阵 |
| $\boldsymbol{N}$ | 形函数矩阵 |
| $\boldsymbol{B}$ | 应变矩阵 |
| $\boldsymbol{D}$ | 弹性矩阵 |
| $\boldsymbol{S}$ | 应力矩阵 |
| $\boldsymbol{K}^e$ | 单元刚度矩阵 |
| $\boldsymbol{K}$ | 总刚度矩阵 |
| $\boldsymbol{\Delta}$ | 整体节点位移列阵 |
| $\boldsymbol{P}$ | 整体荷载列阵 |

# 第1章 绪 论

本章首先介绍弹性力学的研究对象、任务和性质, 然后介绍弹性力学的发展简史及弹性力学的建模方法, 最后着重论述弹性力学的基本假设和弹性力学的基本研究方法.

## 1.1 弹性力学的任务

### 1.1.1 弹性力学的研究对象和任务

弹性指物体在外界因素 (外荷载、温度变化、支座移动等) 作用下引起变形, 在外界因素撤除后, 完全恢复其初始的形状和尺寸的性质.

弹性力学又称弹性理论, 是固体力学的一个重要分支, 它的任务是研究弹性体在外力、温度变化、支座移动等因素作用下产生的变形和内力, 从而解决各类工程结构的强度、刚度和稳定问题. 它是一门理论性和实用性都很强的学科.

一些材料, 如合金钢, 当受力在弹性 (比例) 极限范围内, 为一种理想的完全弹性体, 其应力和应变呈线性关系, 为线性弹性性质; 当这些合金钢材料的受力超出了弹性极限, 将出现塑性变形, 则为塑性性质. 还有一些材料, 如土体, 在外荷载作用下也具有明显的塑性变形, 这也是塑性性质. 有一些材料, 如橡胶类材料, 具有非线性的弹性性质, 我们称之为非线性弹性. 本书所研究的是线性弹性力学问题.

弹性力学是一门技术基础学科, 是近代工程技术的必要基础之一. 在现代工程, 特别是土木工程、水利工程、机械工程、航天航空工程等大型结构的计算、分析、设计中, 都广泛应用弹性力学的基本知识、基本理论和基本方法. 同时, 弹性力学也是一门力学基础学科, 它的研究方法被广泛应用于其他学科和领域. 它不仅是塑性力学、有限单元法、复合材料力学、断裂力学、结构动力分析和一些专业课程的基础, 也是许多大型结构分析软件 (如 ABAQUS、ANSYS 和 SAP2000 等) 的核心内容.

### 1.1.2 弹性力学与其他力学的关系

理论力学、材料力学、结构力学、弹性力学四大力学的关系: 理论力学研究刚体的机械运动, 材料力学、结构力学、弹性力学均研究弹性变形体的内力和变形, 其中, 材料力学研究的对象是杆件, 研究构件在拉压、剪切、扭转、弯曲以及组合变形作用下的应力、应变和位移, 以及构件的承载能力 (强度、刚度、稳定性); 结构力学的研究对象是杆系结构在外界因素作用下的内力和位移及结构的承载能力；对于杆件的变形，主要引入了平截面假设，即假设杆件的横截面在变形之前为平面，在变形之后仍保持为平面，这样使求解得到了简化，可直接得到横截面上的弯曲正应力沿截面高度方向按直线变化的规律. 而弹性力学的研究对象为块体、板和壳体，如深梁、挡土墙、堤坝、基础等实体结构，不能采用杆件变形的平截面假设.

综上所述，与材料力学比较，弹性力学的研究对象更加广泛，研究方法更加严密，分析结果更加精确，可解决更为复杂的实际问题，需要使用较多的数学工具.

## 1.2　弹性力学的发展简史

弹性力学是在不断解决科学和工程实际问题的过程中发展起来的，大致可归纳为以下四个阶段.

### 1.2.1　第一阶段：弹性力学的形成时期

第一阶段，1638 年意大利科学家伽利略 (Galileo) 首先研究了建筑工程中梁的弯曲问题.1678 年英国科学家胡克 (Hooke) 在对金属丝、弹簧和悬臂木梁进行实验的基础上，揭示了弹性体的变形和受力之间成正比例的规律，被称为胡克定律.1687 年英国物理学家牛顿 (Newton) 确立了运动三大定律，这为弹性力学数学物理方法的建立奠定了基础.1807 年英国物理学家托马斯·杨 (Thomas Young) 提出了测量物体弹性的实验方法，其衡量弹性的物理量称为杨氏模量，杨氏模量又称拉伸弹性模量，是弹性模量中最常见的一种. 根据胡克定律，在物体的弹性限度内，应力与应变成正比，比值被称为材料的杨氏模量，它是表征材料弹性性质的一个指标，仅取决于材料本身的物理性质. 杨氏模量的大小标志了材料的刚性，杨氏模量越大，越不容易发生形变. 直到现代，杨氏弹性模量仍然是选定材料的依据之一，是工程技术设计中常用的参数，其大小的测定对研究金属材料、光纤材料、半导体、纳米材料、聚合物、陶瓷、橡胶等各种材料的力学性质有着重要意义，还可用于土木工程结构和机械零部件设计、生物力学、地质等领域.1811 年法国科学家泊松 (Poisson) 的代表性力学著作《力学教程》问世，他指出纵向拉伸还会引起横向收缩，两者应变比是一个常数，即除了杨氏模量之外，还有另一个弹性常数的存在，"泊松比" 便是以他的名字命名的. 这些研究成果对后来弹性力学理论的形成奠定了基础.

### 1.2.2　第二阶段：弹性力学的完善时期

第二阶段是弹性力学的理论基础建立时期，1821~1822 年法国科学家纳维 (Navier) 和柯西 (Cauchy) 分别推导出了弹性理论的基本方程，格林 (Green) 和英国物理学家汤姆逊 (Thomson) 确立了各向异性体有 21 个弹性系数.19 世纪 20 年代，纳维和柯西建立了弹性力学的数学理论, 使弹性力学成为一门独立的学科.1822~ 1828 年, 柯西发表了一系列论文, 提出了应力和应变的概念, 建立了弹性力学的平衡 (运动) 微分方程、几何方程和各向同性的广义胡克定律. 关于各向同性弹性固体的弹性常量是一个还是两个, 或者在一般弹性体中是 15 个还是 21 个, 曾引起激烈的争论, 促进了弹性理论的发展. 最后, 格林从弹性势, 以及法国数学家、工程师拉梅 (Lamé) 从两个常量的物理意义给出了正确结论: 各向同性弹性固体的弹性常量应是两个, 不是一个. 杨氏模量、泊松比与其他弹性模量, 如体积模量和剪切模量之间可以进行换算.1838 年, 格林用能量守恒定律证明了各向异性体 (一般弹性材料) 有 21 个独立的弹性系数; 汤姆逊用热力学第一定律和第二定律证明了同样的结论, 肯定了各向同性体有 2 个独立的弹性系数. 这些工作为后来弹性力学的发展奠定了牢固的理论基础.

### 1.2.3 第三阶段: 弹性力学的应用时期

第三阶段是线性弹性力学的工程应用时期, 在理论方面建立了许多定理和重要原理, 并提出了许多有效的计算方法. 例如,1850 年德国物理学家基尔霍夫 (Kirchhoff) 解决了平板的平衡和振动问题, 提出了力学界著名的 "基尔霍夫薄板假设"; 1854 年间法国科学家圣维南 (Saint-Venant) 针对柱体扭转和弯曲问题的求解, 开创了用半逆解法求解具体问题的有效途径, 并针对弹性体边界条件的局部性问题提出了著名的 "圣维南原理", 使弹性力学在理论和应用上都有了长足的发展, 一些具有理论意义和工程应用价值的弹性力学问题得以解决;1861 年英国科学家艾里 (Airy) 提出了著名的 "艾里应力函数", 并据此解决了弹性力学的平面问题;1862 年德国物理学家赫兹 (Hertz) 解决了弹性体的接触问题, 1898 年德国科学家基尔斯 (Kirsch) 提出了应力集中问题的求解方法. 这个时期, 各种能量原理得到了建立, 并提出了基于这些原理的近似计算方法, 建立了弹性体的虚功原理和最小势能原理.1872 年意大利科学家贝蒂 (Betti) 建立了功的互等定理.1873~1879 年意大利工程师卡斯蒂利亚诺 (Castigliano) 建立了最小余能原理.1877 年和 1908 年英国物理学家瑞利 (Rayleigh) 和瑞士科学家里茨 (Ritz) 分别从弹性体的虚功原理和最小势能原理出发, 提出了著名的 "瑞利–里茨法".1915 年, 苏联数学家和工程师伽辽金 (Галёркин) 提出了伽辽金近似方法求解弹性力学问题. 这些基于能量原理的直接解法, 开创了近似求解弹性力学问题的新途径.20 世纪 30 年代, 苏联数学家和工程师穆斯赫利什维利 (Мусхелишвили ) 发展了用复变函数理论求解弹性力学问题的方法, 在分析含有孔洞、夹杂和裂纹体的应力集中问题时, 复变函数法表现出很大的优越性, 同期, 英国科学家史莱顿 (Sneddon) 将近乎被人遗忘积分变换和积分方程用于弹性力学领域, 来求解弹性力学平面问题、空间轴对称问题及弹性理论中的复杂边值问题, 这些工作在国际力学界及应用数学界产生了深远而广泛的影响.

### 1.2.4　第四阶段：弹性力学的发展时期

第四个阶段是弹性力学的分支及与之相关的边缘学科形成和发展时期. 从 20世纪初开始, 随着工业技术的迅猛发展, 如机械、船舶、建筑、钢材和其他弹性材料应用范围的不断扩大, 弹性力学得到了快速发展, 同时也推动了与其他科学的结合. 1907 年美国科学家卡门 (Kàrmàn) 提出了薄板的大挠度问题, 1939 年, 他与钱学森提出了薄壳的非线性稳定理论. 在 1937~1939 年, 美国科学家莫纳汉 (Murnaghan) 和毕奥 (Biot) 提出了大应变理论. 在 1948~1957 年, 我国科学家钱伟长用摄动法求解了薄板的大挠度问题. 他们的这些工作, 为非线性弹性力学的发展做出了重要的贡献. 在这个时期, 薄壁构件和薄壳的线性理论有了较大的发展, 形成了诸如厚板与厚壳理论、各向异性和非均匀体的弹性力学理论. 同时也形成了一些新的学科领域, 热弹性力学、粘弹性理论、电磁弹性力学、气动弹性力学以及水弹性理论等新的分支和边缘学科. 随着高速大型电子计算机的发展, 有限差分法、有限单元法、边界元法等各种有效的数值分析方法如雨后春笋地涌现出来. 这些新领域的开拓和计算弹性力学的发展, 大大丰富了弹性力学的内容, 促进了有关工程技术的发展. 尤其是有限元法具有模拟任意复杂几何形状的广泛适用性, 为求解任意复杂工程构件和结构的弹性力学问题提供了通用有效的数值分析方法. 1954 年我国科学家胡海昌于建立了三类变量的广义势能原理和广义余能原理；1955 年日本科学家鹫津久一郎也独立地导出了这一原理, 被称为胡海昌–鹫津久一郎变分原理. 在1960~1978 年我国科学家钱伟长和胡海昌建立了弹性力学的广义变分原理并推广到了塑性力学领域. 各种变分原理的研究, 为有限单元法和其他数值分析方法的进一步发展奠定了坚实的理论基础.

目前, 随着工业和技术的飞速发展, 不但经典弹性力学理论得到了很好的发展, 同时还大大促进了弹性力学在工程技术领域中的应用, 促进了工程技术的发展. 不难预料, 弹性力学将会对现代工程技术和自然科学的发展起到更大的作用. 同时, 弹性力学自身也将得到更好的发展. 弹性力学的相关理论已经在土木工程、水利工程、石油工程、航空航天工程、矿业工程以及农业工程等领域得到了广泛的发展和应用.

## 1.3　弹性力学的基本假设

在分析问题时, 如果精确考虑所有因素, 则导出的弹性力学方程非常复杂, 实际上也不可能求解. 因此, 通常必须按照研究对象的性质和求解问题的范围, 做出若干科学假设, 略去一些暂不考虑的因素, 从而既能反映主要的力学特征, 又使问题简化, 使得问题的求解成为可能. 为此需要提出一些基本假设来建立力学模型, 弹性力学的基本假设如下.

### 1.3.1   连续性假设

弹性力学作为连续介质力学的一部分, 它的基本前提是将可变形的固体看作是连续密实的物体, 即组成物体的质点之间不存在任何空隙. 因此, 可以认为物体中的应力、应变和位移等都是连续的, 可以用坐标的函数来表示, 在做数学推导时可以运用连续和极限的概念. 严格地讲, 物体是由分子组成的, 分子与分子之间存在着间隙. 当我们考虑宏观物体的受力和变形过程时, 物体的宏观尺寸远大于分子之间的相对距离, 故应用这一假设并不会引起显著的误差, 这一假设已被实验证实是合理的.

### 1.3.2   均匀性假设

假设弹性物体是由同一类型的均匀材料组成, 因此物体中各个部分的弹性常数与物理性质都是相同的, 它们不随坐标位置的变化而改变. 根据这个假设, 在处理问题时, 我们可以取出物体的任一小部分来进行分析, 然后将分析结果应用于整个物体. 对于由两种或者两种以上的材料组成的物体, 如混凝土, 只要每一种材料的颗粒远远小于物体的几何形状, 并且在物体内部均匀分布, 从宏观意义上讲, 也可以视为均匀材料.

### 1.3.3   各向同性假设

假设物体在各个不同的方向上具有相同的物理性质, 这样可以简化弹性常数. 对大多数工程材料, 各向同性假设足够精确, 但对许多复合材料、木材等各向异性明显的材料, 各向同性假设将不成立.

### 1.3.4   完全弹性体假设

假定物体的变形在外力去除后能够完全恢复原来的形状和大小, 没有残余变形. 也就是所发生的应力和应变之间存在一一对应关系, 完全符合胡克定律, 变形与物体受力的历史过程无关, 构成物体的材料称为完全弹性材料. 完全弹性假设使得材料的弹性常数不随应力或应变的变化而改变.

### 1.3.5   小变形假设

假设在外力或者其他外界因素 (如温度等) 的影响下, 物体的变形与物体自身几何尺寸相比属于高阶小量. 根据小变形假设, 在讨论弹性体的平衡问题时, 可以不考虑因变形所引起的尺寸变化, 使用物体变形前的几何尺寸来代替变形后的尺寸, 可使问题简化. 由于工程上所用的材料在一般受力情况下都是小变形, 故采用这一假设, 可以在基本方程推导中, 略去位移、应变和应力分量的高阶小量, 这样的近似能够简化计算而又不引起大的误差, 并且为应用叠加原理计算弹性力学问题奠定了基础.

　　本书讨论的问题限于理想弹性体的小变形问题, 以上假设是本书讨论问题的基础. 超出以上范围的问题有专门学科进行研究, 如非线性弹性力学、塑性力学、复合材料弹性力学等.

# 1.4　弹性力学分析模型的建立

　　用弹性理论解决问题时, 需要将实际工程结构或构件抽象为理想的弹性力学分析模型, 然后才能针对力学模型来进行研究. 建立力学分析模型是弹性力学研究方法中的第一步, 也是十分重要的一个步骤, 关系到分析结果的正确性和可靠性.

### 1.4.1　建立弹性力学分析模型的原则

　　弹性力学分析模型的建立应遵循认识论的规律, 首先从工程或实验中观察各种现象, 然后从复杂的现象中抓住共性, 找出反映事物本质的主要因素, 略去次要因素, 对实际问题的结构、材料、支座和荷载等要素进行简化, 把工程中实际物体抽象为力学模型. 由于实际工程中的力学问题往往是很复杂的, 这就需要根据专业知识和力学概念, 抓住问题的本质, 做出正确的假设, 使问题理想化或简化, 从而达到在满足一定精确度的要求下用简单的模型解决问题的目的.

　　建立弹性力学分析模型需要遵循的原则如下:

　　(1) 满足弹性力学的基本假设;

　　(2) 抓住影响计算和分析结果的主要因素, 忽略其中的次要因素;

　　(3) 根据问题的复杂性选择建立何种模型, 即建立理论分析力学模型或数值分析力学模型.

### 1.4.2　弹性力学建模举例

　　下面给出如何从工程问题转化为弹性力学问题的几个例子.

　　**例 1.1**　条形基础下的地基应力和位移计算问题的理论分析力学建模.

　　如图 1.1(a) 所示, 一条形基础下的岩石地基, 求远离条形基础下岩基 $A$ 点的应力和位移, 为此, 要先建立力学模型.

　　**解**　为了利用弹性力学方法进行计算, 首先分析该工程问题的物理机理, 判断其是否满足或在什么条件下满足宏观上的连续性、均匀性、各向同性、完全弹性、以及小变形的弹性力学基本假设, 再分析该地基弹性体的几何特征和受力特征, 确定其是否符合简化为平面问题的条件, 最后根据建模的基本原则, 对原结构的进行几何、边界和荷载进行简化, 建立理论分析力学分析模型, 如图 1.1(b) 所示.

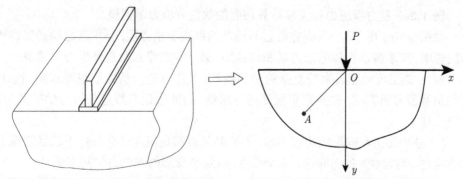

(a) 实际工程中条形基础下的弹性地基示意图　　　(b) 简化为平面半无限弹性体的力学模型

图 1.1　条形基础下地基的理论分析力学模型

**例 1.2**　独立基础下的地基应力和位移计算问题的理论分析力学建模.

如图 1.2(a) 所示, 一独立基础下的岩石地基, 为求远离独立基础下岩基 $A$ 点的应力和位移, 试先建立力学分析模型.

**解**　为了利用弹性力学方法进行计算, 首先应建立力学分析模型, 具体要点如下:

(1) 分析该工程问题的物理机理, 判断其是否满足或在什么条件下满足宏观上的连续性、均匀性、各向同性、完全弹性, 以及小变形的弹性力学基本假设;

(2) 分析该地基弹性体的几何特征和受力特征, 确定其是否符合简化为空间问题的条件;

(3) 根据建模的基本原则, 对原结构的进行几何、边界和荷载进行简化, 建立力学分析模型, 如图 1.2(b) 所示.

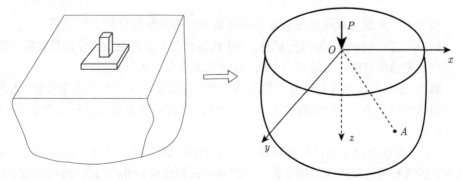

(a) 实际工程中独立基础下的弹性地基示意图　　　(b)简化为空间半无限弹性体的力学模型

图 1.2　独立基础下地基的理论分析力学模型

**例 1.3**　　重力坝应力和位移计算问题的数值分析力学建模.

如图 1.3(a) 所示, 一具有完好岩石地基的混凝土重力坝, 要求考虑坝基岩体变形的影响, 拟求解该坝体的应力场和位移场, 第一步需建立数值分析力学模型.

**解**　　该工程问题具有较复杂的边界条件, 利用理论分析方法很难求解, 因此, 可利用数值分析方法, 如有限单元法进行求解, 为此应建立数值分析力学模型, 具体要点如下:

(1) 分析该工程问题的物理机理, 判断其是否满足或在什么条件下满足宏观上的连续性、均匀性、各向同性、完全弹性, 以及小变形的弹性力学基本假设;

(2) 分析该重力坝弹性体的几何特征和受力特征, 确定其是否符合简化为平面问题的条件;

(3) 根据建模的基本原则, 对原结构的进行几何、边界和荷载进行简化, 建立数值分析力学模型, 如图 1.3(b) 所示.

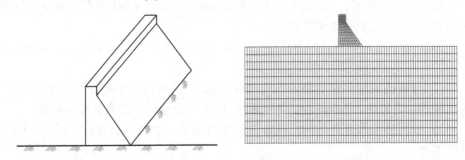

(a) 实际工程中具有完好岩基重力坝示意图　　　　(b)简化为平面弹性体的有限单元法分析模型

图 1.3　　具有完好岩石地基的混凝土重力坝的有限单元法分析模型

**例 1.4**　　混凝土试件抗压强度和破坏机理问题的数值分析力学建模.

如图 1.4(a) 所示, 一混凝土试件, 为了仿真模拟其抗压强度、分析其破坏机理, 拟采用细观损伤有限元方法进行分析, 试建立数值分析力学模型.

**解**　　该工程问题具有较复杂的边界条件, 利用理论分析方法很难求解, 因此, 可利用数值分析方法, 如有限单元法进行求解, 为此应建立数值分析力学模型, 具体要点如下:

(1) 分析该混凝土试件的物理机理, 在细观层次将混凝土材料视为粗骨料、硬化水泥砂浆和骨料与砂浆的接触面组成的具有三相介质的非均匀复合材料, 建立随机骨料模型时, 从细观尺度分析, 对每一种介质 (如粗骨料或硬化水泥砂浆) 可按各向同性材料考虑, 分别赋予不同的弹性常数;

(2) 分析该试件的几何特征和受力特征, 确定其是否符合简化为平面问题的条件;

(3) 根据建模的基本原则, 对原结构的进行几何、边界和荷载进行简化, 建立平面数值分析力学模型, 如图 1.4(b) 所示.

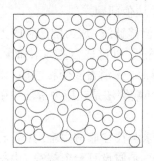 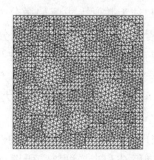

(a)二级配混凝土试件示意图　　　(b)二级配混凝土试件的有限单元法分析模型

图 1.4　二级配混凝土试件的有限单元法平面分析模型

综上所述, 在建立了力学模型以后, 还要按照弹性理论, 对力学模型进行数学描述, 建立力学量之间的数学关系, 得到弹性力学方程, 即数学模型. 然后, 采用不同的弹性力学分析方法, 进行理论分析和计算, 或利用计算机求数值解, 来揭示物体的受力和变形规律, 探索未知.

## 1.5　弹性力学的基本研究方法

弹性力学虽然是一门古老的学科, 但现代科学技术的发展给弹性力学提出了越来越多的科学问题和工程问题, 弹性力学不仅可以用于直接求解一些科学问题, 而且是解决工程问题的理论基础, 弹性理论已在土木工程等很多重要领域展现出其重要性. 弹性力学问题的求解方法可分为解析解法、实验分析方法和数值分析方法三大类.

### 1.5.1　解析解法

解析解法是一种理论分析方法或数学分析方法. 解析解法又分两大类, 一类是弹性理论的微分提法; 一类是弹性理论的变分提法.

(1) 弹性理论的微分提法.

弹性理论的微分提法的基本思想是从研究一点邻域内 (小微元) 的应力、应变状态入手建立该微元体的平衡方程、几何方程和物理方程 (本构方程), 这些方程均为偏微分方程, 也称为弹性力学的基本方程, 然后在边界条件下进行基本方程的求解, 由此求解所研究弹性体的解析解, 包括应力场、应变场和位移场. 也就是说, 若弹性体内各物质点均满足弹性力学的基本方程 (平衡方程、几何方程和物理方程), 在边界上的物质点还要满足边界条件 (力边界条件和位移边界条件), 则从这些弹性力学基本方程求得的解一定是弹性力学问题的真实解答, 即可得到弹性体各点的应力分布、应变分布和位移分布规律. 该理论分析方法 (微分提法) 把弹性力学问题的求解过程归结为数学上求解偏微分方程组的边值问题.

偏微分方程边值问题的基本解法又分三种: 位移解法、应力解法和应力函数解法. 位移解法是在基本方程求解时, 消去应力和应变, 以位移为基本未知量, 再在边界条件下进行求解; 应力解法是在基本方程求解时, 先消去应变和位移, 得到以应力表示的方程, 再在边界条件下求解应力; 应力函数解法是在应力解法中引入应力函数, 从而简化计算.

由于偏微分方程和边界条件的复杂性, 直接求解往往非常困难, 甚至无法做到, 所以通常采用逆解法和半逆解法. 所谓 "逆解法" 是假设有一个解答 (由材料力学或实验结果, 或者与其他物理现象类比得到), 将其带入微分方程和边界条件加以验证, 如果全部得到满足, 该解答就是正确的解答; 所谓 "半逆解法" 是假设一部分解, 或者解中含有未知的系数甚至函数, 在求解过程中求出其余的解和待定的系数与函数. 由于数学上的困难, 理论分析方法仅能对一些简单的问题求解析解. 对复杂的工程实际问题, 近似解法和数值解法是有效的工具.

(2) 弹性理论的变分提法.

理论分析方法的第二大类是弹性理论的变分提法, 其基本思路是考虑弹性系统的能量泛函, 把弹性力学问题归结为在给定约束条件下求泛函极 (驻) 值的变分问题, 该方法也称为能量法或能量原理. 早期以欧拉 (Euler) 为代表的研究工作, 把变分方程转化为相应的微分方程求解, 称为欧拉法. 这些研究阐明了弹性力学变分提法和微分提法间的相互联系, 并能从泛函表达式出发导出给定问题的域内微分方程和与之匹配的边界条件, 因而具有重要的理论意义. 后来里茨和伽辽金等提出了直接求解变分方程的各种近似解法, 开辟了求解变分问题的新途径.

理论分析方法 (解析解法) 只有对简单的弹性力学问题可以得到解析解.

### 1.5.2　实验分析方法

许多弹性力学问题由于结构复杂的形状和材料复杂的性质, 往往难以找到理论解, 这时可以借助模型试验分析方法或原型检测分析方法找到结构受力和变形的数据, 试验或检测的结果还可以验证理论分析方法所得结果的正确性.

对工程结构或构件采用加载或其他方式进行试验, 测量结构或构件的内力、变形、转角、支座位移、频率、振幅等, 用以核对其设计要求或检验其是否安全可靠, 并为探索结构新领域和发展工程结构理论提供分析手段和基础.

根据试验研究目的, 主要分为生产鉴定性试验和科学研究性试验. 按结构的受载性质分为静力试验和动力试验. 按时间长短分为长期观测试验和短期观测试验. 按试验结构尺寸分为实物试验和模型试验. 按结构允许破损程度分为破损试验与非破损试验等.

实验方法可以利用机测法 (即利用机械仪表测量所需的数据或参数, 机测适应性强、简便、可靠、经济, 是结构试验中最常用的测量手段)、电测法 (如电阻应变计法、电容应变计法和电传感器检测法等)、光测法 (如光弹性法、云纹法、云纹干涉法、全息干涉法、散斑干涉法、光纤传感技术和数字图像处理技术等)、声测法 (如声弹性法、声发射技术和声全息法等) 等来测定结构或部件在外力作用下的应力和应变分布规律.

### 1.5.3 数值分析方法

数值分析方法是一种近似的数学方法. 特别是广泛应用电子计算机后, 数值分析方法对大量的弹性力学问题 (如复杂边界条件、多种材料等问题) 均十分有效. 在数值分析方法中, 常见的有: 有限差分法、有限元法、边界元法和无网格法等. 目前, 数值分析方法已广泛应用于弹性力学各类问题的计算和分析中.

# 1.6 本书的特色

(1) 在力学类课程中, 材料力学、结构力学通常只讲平面问题, 传统的弹性力学大多也是以平面问题为主. 为此, 本书在撰写时做了一些改革, 即从工程实际出发, 直接考虑空间问题, 给学生树立起空间问题的受力和变形概念, 建立三维问题的弹性力学基本理论, 考虑空间问题的分析方法, 为分析实际工程问题奠定科学的思维方法和理论体系;

(2) 随着科学技术的不断发展, 科学界和工程界对学生的基础理论要求越来越高, 为此, 本书在撰写时, 为了拓宽学生的知识面, 增加了柱坐标、球坐标系下的弹性方程, 加重了能量法的内容和数值解法的内容, 为今后的进一步学习、研究及工程实践奠定坚实的理论基础;

(3) 传统的弹性力学著作, 通常注重解析解的推导, 忽略了结果的对比、分析, 以及现代数值分析方法的应用, 本书旨在给学生奠定坚实的基础理论并培养学生解决实际问题的能力, 不仅使学生学会理论分析方法, 也要学生掌握数值分析工具, 使学生能利用基础理论指导对科学和工程问题进行分析;

(4) 与传统的弹性力学著作不同, 本书为了加强学生的动手能力和结果分析能力, 补充了计算机 MATLAB 分析软件和大型通用结构分析软件的介绍, 增加了一些数值分析算例, 并将理论分析方法与数值分析方法的结果进行对比, 以使学生能熟练利用现代数学工具, 进行复杂弹性力学问题的计算和分析, 注重培养学生熟练利用弹性理论和现代分析工具计算和分析实际工程问题的能力, 以及提高解决科学问题的能力.

## 思考题与习题 1

**1-1**    什么是物体的弹性性质? 弹性力学的任务是什么? 试举出几个工程上可用弹性力学方法计算分析的例子.

**1-2**    弹性力学与理论力学、材料力学及结构力学的区别是什么? 在建筑工程中, 深梁是否可以采用材料力学计算? 为什么?

**1-3**    弹性力学建模的基本原则是什么? 请举出对工程问题进行力学建模的例子.

**1-4**    弹性力学基本假设有哪些? 这些假设的作用分别是什么? 试举例说明均匀性假设与各向同性假设的区别?

**1-5**    弹性力学的基本研究方法有哪些? 试分别阐述弹性力学的微分提法和变分提法的求解思路. 请说出求解复杂弹性力学问题的数值分析方法主要有哪些?

**1-6**    试列举一些弹性理论及其分析方法的应用领域? 试简述掌握弹性力学知识、理论和分析方法在本专业学习、研究和实际应用中的重要性?

# 第2章 三维应力应变状态

本章首先介绍体力、面力及应力的概念, 其次介绍一点的应力状态、斜截面上的应力、应力分量转换公式、主应力及主方向和最大剪应力, 最后介绍位移、应变和一点的应变状态, 以及主应变与体积应变.

## 2.1 应力状态

### 2.1.1 荷载及其分类

弹性力学在分析问题时, 通常要先分析外界影响因素. 外荷载又称荷载或载荷, 是导致物体变形和产生内力的物理因素.

根据荷载性质不同, 荷载可以分为两大类: 一类为机械荷载, 是作用在物体上的外力, 如重力、风荷载、地震荷载和支座移动等, 在外力的作用下物体会产生变形和内力; 另一类是非机械荷载, 又称物理荷载, 是引起物体变形的物理因素, 如温度的变化引起的热胀冷缩、电磁力使压电材料产生变形等. 根据荷载作用区域的不同, 外力可以分为体积力和表面力, 两者可分别简称为体力和面力.

所谓体力, 是指分布在物体体积内的力, 如重力和惯性力等. 一般采用单位体积的体力来表示即体力的集度 $\boldsymbol{F}$(矢量), 在坐标轴 $x, y, z$ 上的投影 $F_x, F_y, F_z$, 称为该物体在该点的体力分量, 并假定沿着坐标轴正方向为正, 沿坐标轴负方向为负.

所谓面力, 是指分布在物体表面上的力, 如气体、流体压力和接触力等. 一般采用单位面积的面力来表示, 即面力的集度 $\overline{\boldsymbol{F}}$(矢量), 在坐标轴 $x, y, z$ 上的投影 $\overline{F}_x, \overline{F}_y, \overline{F}_z$, 称为该物体在该点的面力分量, 并假定沿着坐标轴正方向为正, 沿坐标轴负方向为负.

### 2.1.2 内力和应力

当荷载作用于物体时将引起物体内相邻物质的相互作用力, 称为内力. 内力的分布一般是不均匀的. 弹性力学在分析物体受力时, 重点要分析物体内部各点的受力状态, 来分析材料的安全性. 为了分析一点的内力大小, 可以通过截面切开物体, 取出一部分, 其外法线为 $n$, 并在截面上取包含 $M$ 点的一小部分面积 $\Delta S$, 如图 2.1 所示, 设作用在 $\Delta S$ 上的内力为 $\Delta \boldsymbol{F}$. 假设物体以及内力连续分布, 则 $\Delta \boldsymbol{F}$ 为面积 $\Delta S$ 上分布力的合力, 进而可以得到内力的平均集度或平均应力 $\dfrac{\Delta \boldsymbol{F}}{\Delta S}$. 如果 $\Delta S$ 无

限减小而趋于 $M$ 点, 则平均应力 $\dfrac{\Delta \boldsymbol{F}}{\Delta S}$ 将趋于极限 $\boldsymbol{\sigma}$, 极限矢量 $\boldsymbol{\sigma}$ 就称为物体内部 $M$ 点的应力矢量 (简称应力), 其方向为 $\Delta \boldsymbol{F}$ 的极限方向.

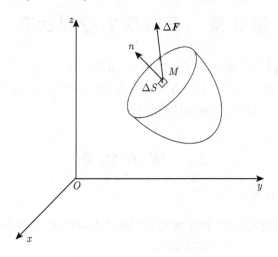

图 2.1   应力矢量示意图

应力可沿着给定坐标系下的 3 个坐标轴方向分解, 用 3 个应力分量来表示. 由于工程上通常需要知道截面上的正应力和切应力, 故应力矢量也可沿着截面法线方向和切线方向分解, 即正应力 $\sigma_n$ 和切应力 $\tau_s$, 如图 2.2 所示.

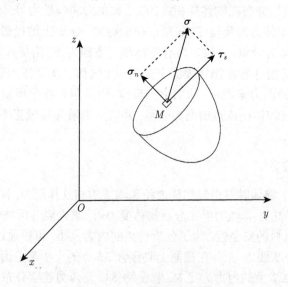

图 2.2   正应力和切应力示意图

### 2.1.3 量纲和量纲分析

**量纲**又称为**因次**, 是用来描述物理量本身性质的抽象符号; 单位是具体物理量的度量, 用来表达量具体多少的基准. 物理量的量纲可以用来分析几个物理量之间的关系, 这种方法称为量纲分析. 通常, 一个物理量的量纲是由像质量、长度、时间、温度等一类的基本量结合而成. 例如, 速度的量纲为: [长度]/[时间], 而速度的计量单位为: 米/秒、千米/小时, 或其他单位. 量纲分析所根据的重要原理是, 物理定律与其计量物理量的单位无关. 根据量纲分析, 可以检查所推导的方程是否正确. 在本书中, 量纲还可以用来分析影响应力的因素, 并据此来构造应力函数.

量纲有两类: 一类是**基本量纲**, 它们是彼此独立, 不能互相导出的; 另一类是导出量纲, 由基本量纲导出. 在国际单位制有七个基本量: 长度 $L$、质量 $M$、时间 $T$、电流 $I$、温度 $\Theta$、物质的量 $N$ 和光强度 $J$, 其余物理量的量纲可由上述基本量纲推导, 如加速度的量纲按定义可由长度和时间组成, 其量纲为: [长度]/[时间]$^2$, 以 $[LT^{-2}]$ 表示. 重力的量纲, 按牛顿运动定律由质量和加速度组成, 其量纲为: [质量][长度]/[时间]$^2$, 可表示为 $[MLT^{-2}]$.

在弹性力学中, 通过量纲分析可以得到:

体力的量纲, 根据量纲分析推导得到: [质量]([长度]/[时间]$^2$)/[长度]$^3$, 可表示为 $MT^{-2}L^{-2}$, 而其单位为 N/m$^3$ 或 kN/m$^3$ 或 N/mm$^3$ 等;

面力的量纲, 根据量纲分析推导得到: [质量]([长度]/[时间]$^2$)/[长度]$^2$, 可表示为 $MT^{-2}L^{-1}$, 其单位写为 N/m$^2$ 或 kN/m$^2$ 或 N/mm$^2$ 等;

应力的量纲, 根据量纲分析推导得到: [质量]([长度]/[时间]$^2$)/[长度]$^2$, 可表示为 $MT^{-2}L^{-1}$, 单位写为 N/m$^2$ 或 kN/m$^2$ 或 N/mm$^2$ 或 Pa 或 kPa 或 MPa 或 GPa 等.

可见, 一个物理量的量纲是唯一的, 但单位可以有多种.

### 2.1.4 一点的应力状态

从 2.1.2 小节可见, 在物体内部, 过同一点的不同方向面上的应力, 一般情况下是不相同的. 所谓**一点的应力状态**, 是指过一点不同方向面上的应力分量的集合. 通过应力分析, 可以得到过一点不同方向面上应力的相互关系, 确定这些应力中的极大值和极小值以及它们的作用面.

为了分析一点的应力状态, 可以在分析点上从物体内部取出一个微小的正平行六面体, 其 6 个面分别平行于 3 个坐标平面, 如图 2.3 所示. 微分体上各个面上的应力可以分解为一个正应力 $\sigma_i$ 和两个切应力 $\tau_{ij}(i, j$ 表示 $x, y, z)$, 并且分别与三个坐标轴平行. 正应力 $\sigma_i$ 和切应力 $\tau_{ij}$ 的下标 $i, j$ 表示了应力作用的位置和方向, 例如, $\sigma_x$ 表示正应力作用在垂直于 $x$ 的面上, 并且作用方向为沿着 $x$ 轴方向作用. 切应力 $\tau_{ij}$ 采用两个下标表示, 前一个下标用于确定切应力的作用位置, 后一个下标用于确定切应力的作用方向, 如 $\tau_{xy}$ 表示切应力作用在垂直于 $x$ 轴的面上, 并且作用方向为沿着 $y$ 轴方向作用.

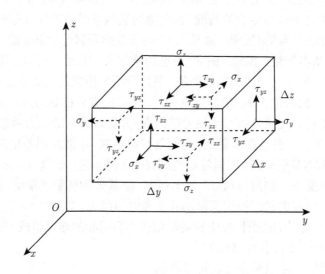

图 2.3    一点的应力状态

根据图 2.3 所示, 一点的应力状态为各个面上的应力分量的集合, 包括 3 个正应力分量和 6 个切应力分量, 由这些应力分量, 可以求得经过该点的任意截面上的正应力和切应力, 另外, 由于 6 个切应力分量之间具有互等关系: $\tau_{xy} = \tau_{yx}, \tau_{zx} = \tau_{xz}, \tau_{zy} = \tau_{yz}$, 因此, 一点的应力状态主要由 6 个应力分量决定: $\sigma_x, \sigma_y, \sigma_z, \tau_{xy}, \tau_{yz},$ $\tau_{zx}$, 它们的集合又用一个新的量表示, 称为应力张量, 可以写成

$$\boldsymbol{\sigma}_{ij} = \begin{bmatrix} \sigma_x & \tau_{xy} & \tau_{xz} \\ \tau_{yx} & \sigma_y & \tau_{yz} \\ \tau_{zx} & \tau_{zy} & \sigma_z \end{bmatrix} \tag{2.1}$$

对于应力分量的正负号规定如下:

当某个截面上的外法线是沿着坐标轴的正方向时, 这个面上的应力就以沿坐标轴正方向为正, 沿坐标轴负方向为负. 反之, 则当某个截面上的外法线是沿着坐标轴的负方向时, 这个面上的应力就以沿坐标轴负方向为正, 沿坐标轴正方向为负. 如图 2.3 所示的应力分量全部为正.

### 2.1.5    斜截面上的应力

知道了一点的应力状态, 即各个面上的应力分量的集合, 包括 3 个正应力分量和 6 个切应力分量, 由这些应力分量, 就可以求得经过该点的任意截面上的正应力和切应力, 也就是过一点不同方向面上应力存在一定的相互关系, 或者说由以上 9 个应力分量将完全确定一点的应力状态, 现推导它们之间的关系.

设物体内任一点 $O$ 的 6 个直角坐标面上的应力分量 $\sigma_x, \sigma_y, \sigma_z, \tau_{xy}, \tau_{yz}, \tau_{zx}$ 已知, 为求过 $O$ 点任一斜面上的应力 $\boldsymbol{p}$, 作为一个与坐标倾斜的斜面, 此斜面与经过 $O$ 点而平行于坐标面的三个平面形成一个微小四面体 $Oabc$, 如图 2.4 所示, 当此微分斜面无限地接近 $O$ 点时, 则斜面 $abc$ 上的应力就表示 $O$ 点的应力.

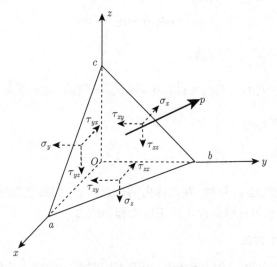

图 2.4 斜截面上的应力

要建立斜面上的应力与同一点已知的 6 个应力分量之间的关系, 设微小四面体 $Oabc$ 的体积为 $\mathrm{d}V$, 设斜面外法线与三个坐标轴的夹角余弦为 $l_1$, $l_2$, $l_3$, 设三角形 $abc$ 的面积为 $\triangle S_{abc}, \triangle Oab, \triangle Obc, \triangle Oac$ 的面积分别为 $S_{Oab}$, $S_{Obc}$, $S_{Oac}$, 则

$$\begin{cases} S_{Obc} = S_{abc}l_1 \\ S_{Oac} = S_{abc}l_2 \\ S_{Oab} = S_{abc}l_3 \end{cases} \tag{2.2}$$

设斜面上的全应力 $\boldsymbol{p}$ 在坐标轴上的投影用 $p_x$, $p_y$, $p_z$ 表示. 另外由于四面体 $Oabc$ 所受外力, 除了 4 个面上的应力外, 还受体力的作用. 设单位体积力在坐标轴上的投影为 $F_x, F_y, F_z$, 则根据四面体在 $x$ 轴方向力的平衡条件可得

$$p_x S_{abc} - \sigma_x S_{Obc} - \tau_{yx} S_{Oac} - \tau_{zx} S_{Oab} + F_x \mathrm{d}V = 0 \tag{2.3}$$

除以 $S_{abc}$, 略去高阶分量, 并移项得 (其余两项根据其他两轴方向的平衡得出)

$$
\begin{cases}
p_x = l_1\sigma_x + l_2\tau_{yx} + l_3\tau_{zx} \\
p_y = l_1\tau_{xy} + l_2\sigma_y + l_3\tau_{zy} \\
p_z = l_1\tau_{xz} + l_2\tau_{yz} + l_3\sigma_z
\end{cases}
\tag{2.4}
$$

上式给出了任意点 6 个应力分量与通过同一点任意斜面上的应力之间的关系. 另外, 如果设斜面上的正应力为 $\sigma_n$, 切应力为 $\tau_n$, 则

$$
\sigma_n = l_1 p_x + l_2 p_y + l_3 p_z
\tag{2.5}
$$

将式 (2.4) 代入式 (2.5) 得到

$$
\sigma_n = l_1^2\sigma_x + l_2^2\sigma_y + l_3^2\sigma_z + 2l_2 l_3\tau_{yz} + 2l_3 l_1\tau_{zx} + 2l_1 l_2\tau_{xy}
\tag{2.6}
$$

另外, 由于 $p^2 = \sigma_n^2 + \tau_n^2$, 则

$$
\tau_n^2 = p^2 - \sigma_n^2
\tag{2.7}
$$

由式 (2.6) 和式 (2.7) 可知, 在物体内的任意一点, 如果已知道 6 个坐标面上的应力分量, 就可以求得任意斜面上的正应力和切应力.

### 2.1.6　主应力及主方向

表示一点的应力状态的微元体中, 由于不同斜面上的应力分量不同, 那么必然存在某个斜面上只有正应力, 而其上的切应力等于零, 从式 (2.7) 有 $\sigma_n^2 = p^2$. 我们把这样只有正应力而无切应力的面称为主平面, 主平面上的应力称为主应力, 主平面的法线方向称为主方向.

根据主应力和主方向的定义, 并设主平面上的主应力大小为 $\sigma$, 则可以得到

$$
\begin{cases}
p_x = \sigma l_1 \\
p_y = \sigma l_2 \\
p_z = \sigma l_3
\end{cases}
\tag{2.8}
$$

将式 (2.8) 代入式 (2.4), 可得

$$
\begin{cases}
(\sigma_x - \sigma)\, l_1 + \tau_{yx} l_2 + \tau_{zx} l_3 = 0 \\
\tau_{xy} l_1 + (\sigma_y - \sigma)\, l_2 + \tau_{zy} l_3 = 0 \\
\tau_{xz} l_1 + \tau_{yz} l_2 + (\sigma_z - \sigma)\, l_3 = 0
\end{cases}
\tag{2.9}
$$

由此可见, 主应力需要满足以上方程. 此方程为线性齐次代数方程组, 如果方程存在非零解, 其行列式必须为零, 因此

$$\begin{vmatrix} \sigma_x - \sigma & \tau_{yx} & \tau_{zx} \\ \tau_{xy} & \sigma_y - \sigma & \tau_{zy} \\ \tau_{xz} & \tau_{yz} & \sigma_z - \sigma \end{vmatrix} = 0 \tag{2.10}$$

将式 (2.10) 展开, 并化简可得

$$\sigma^3 - I_1\sigma^2 + I_2\sigma - I_3 = 0 \tag{2.11}$$

式中

$$I_1 = \sigma_x + \sigma_y + \sigma_z \tag{2.12}$$

$$I_2 = \sigma_y\sigma_z + \sigma_x\sigma_z + \sigma_x\sigma_y - \tau_{yz}^2 - \tau_{xz}^2 - \tau_{xy}^2 \tag{2.13}$$

$$I_3 = \begin{vmatrix} \sigma_x & \tau_{yx} & \tau_{zx} \\ \tau_{xy} & \sigma_y & \tau_{zy} \\ \tau_{xz} & \tau_{yz} & \sigma_z \end{vmatrix} \tag{2.14}$$

此方程为应力状态特征方程, 而 $I_1$, $I_2$, $I_3$ 为应力张量不变量. 在数学上, 应力张量的三个不变量反映了张量具有不变性的特点, 在物理上反映了在特定的外部因素下, 物体内部各点的应力状态不随坐标的改变而改变的性质. 因此, 应力张量不变量通常用来构造材料的本构关系 (如应力应变关系).

该方程的 3 个根就是 3 个主应力, 其计算公式为

$$\begin{cases} \sigma_{(1)} = \sigma_0 + \sqrt{2}\tau_0\cos\theta \\ \sigma_{(2)} = \sigma_0 + \sqrt{2}\tau_0\cos\left(\theta + \dfrac{2}{3}\pi\right) \\ \sigma_{(3)} = \sigma_0 + \sqrt{2}\tau_0\cos\left(\theta - \dfrac{2}{3}\pi\right) \end{cases} \tag{2.15}$$

$$\begin{cases} \sigma_0 = \dfrac{1}{3}\left(\sigma_x + \sigma_y + \sigma_z\right) \\ \tau_0 = \dfrac{1}{3}\sqrt{\left(\sigma_x - \sigma_y\right)^2 + \left(\sigma_y - \sigma_z\right)^2 + \left(\sigma_z - \sigma_x\right)^2 + 6\left(\tau_{xy}^2 + \tau_{yz}^2 + \tau_{zx}^2\right)} \\ \theta = \dfrac{1}{3}\arccos\left(\dfrac{\sqrt{2}J_3}{\tau_0^3}\right) \\ J_3 = I_3 - \dfrac{1}{3}I_1I_2 + \dfrac{2}{27}I_1^3 \end{cases} \tag{2.16}$$

该式中的 $\sigma_0$ 和 $\tau_0$ 具有物理概念. $\sigma_0$ 为八面体面 (具有等倾角的斜面, 简称等倾面) 上的正应力, 也称之为平均应力或静水压力; $\tau_0$ 为八面体面上的切应力. 它们在塑性力学中具有重要的意义. 感兴趣的读者, 可以进一步查阅塑性力学专著.

将式 (2.15) 求得的 $\sigma_{(1)}, \sigma_{(2)}$ 和 $\sigma_{(3)}$ 按代数值大小排序, 即可得到第一、第二和第三主应力 $\sigma_1, \sigma_2$ 和 $\sigma_3$. 该公式可在自编结构分析专业软件时, 通用赋值语句编程计算三维问题的主应力. 三维应力状态下的主应力也可利用计算机编程直接从式 (2.11) 求解一元三次方程得到. 在大型结构分析有限元软件中, 均可求解三维问题的主应力.

根据应力状态特征方程的解, 可以对其受力状态进行分析, 如果三个主应力均不为零, 则此点为三向受力状态; 如果其中有一个或两个主应力等于零, 则此点为平面应力状态, 因此平面应力状态是三向受力状态的特例. 此外, 由于主应力的大小和方向不随坐标的变化而改变, 通常主应力还被用于构造强度理论, 以此来判断材料是否破坏. 主应力还是计算最大切应力等其他力学量的基础, 在工程结构计算分析中具有重要作用.

主应力确定后, 可分别利用式 (2.9) 求得对应于第一主应力 $\sigma_1$ 或第二主应力 $\sigma_2$ 和第三主应力 $\sigma_3$ 的主应力方向.

对于平面问题, 主应力的计算公式为

$$\sigma_{1,2} = \frac{\sigma_x + \sigma_y}{2} \pm \sqrt{\left(\frac{\sigma_x - \sigma_y}{2}\right)^2 + \tau_{xy}^2} \tag{2.17}$$

主方向为

$$\tan\theta_1 = \frac{\tau_{xy}}{\sigma_1 - \sigma_y}, \quad \tan\theta_2 = \frac{\tau_{xy}}{\sigma_2 - \sigma_y} \tag{2.18}$$

式中, $\theta_1$ 为第一主应力 $\sigma_1$ 与 $x$ 轴的夹角, $\theta_2$ 为第二主应力 $\sigma_2$ 与 $x$ 轴的夹角.

### 2.1.7　最大剪应力

与主应力相似, 由于不同斜面上的应力分量不同, 同样存在某个斜面, 其上的剪应力达到最大值. 为了简单起见, 某点 $O$ 的应力状态采用主应力 $\sigma_1, \sigma_2, \sigma_3$ 来表示, 并且坐标轴分别与主应力的三个主方向重合.

将式 (2.8) 代入式 (2.5), 得

$$\sigma_n = \sigma_1 l_1^2 + \sigma_2 l_2^2 + \sigma_3 l_3^2 \tag{2.19}$$

再将式 $p^2 = p_x^2 + p_y^2 + p_z^2$ 代入式 (2.7), 并考虑式 (2.8), 可推导得

$$\tau_n^2 = \sigma_1^2 l_1^2 + \sigma_2^2 l_2^2 + \sigma_3^2 l_3^2 - \left(\sigma_1 l_1^2 + \sigma_2 l_2^2 + \sigma_3 l_3^2\right)^2 \tag{2.20}$$

对式 (2.20) 中的切应力求极值, 即求解一组方向余弦使得式 (2.20) 达到极值. 并结合 $l_1^2 + l_2^2 + l_3^2 = 1$, 可以求出最大剪应力 $\tau_{\max}$ 及其对应的 $l_1, l_2, l_3$ 即最大剪应力斜面的法线方向.

空间问题的切应力极值如下:

(1) 当 $(l_1, l_2, l_3) = \left(0, \pm\dfrac{1}{\sqrt{2}}, \pm\dfrac{1}{\sqrt{2}}\right)$ 时,

$$\tau_{(1)} = \pm\frac{\sigma_2 - \sigma_3}{2} \tag{2.21}$$

(2) 当 $(l_1, l_2, l_3) = \left(\pm\dfrac{1}{\sqrt{2}}, 0, \pm\dfrac{1}{\sqrt{2}}\right)$ 时,

$$\tau_{(2)} = \pm\frac{\sigma_1 - \sigma_3}{2} \tag{2.22}$$

(3) 当 $(l_1, l_2, l_3) = \left(\pm\dfrac{1}{\sqrt{2}}, \pm\dfrac{1}{\sqrt{2}}, 0\right)$ 时,

$$\tau_{(3)} = \pm\frac{\sigma_1 - \sigma_2}{2} \tag{2.23}$$

根据主应力 $\sigma_1 > \sigma_2 > \sigma_3$ 的约定, 比较 $\tau_{(1)}$, $\tau_{(2)}$, $\tau_{(3)}$, 得空间问题的最大切应力为

$$\tau_{\max} = \frac{\sigma_1 - \sigma_3}{2} \tag{2.24}$$

最小切应力 (即负最大切应力) 为

$$\tau_{\min} = \frac{\sigma_3 - \sigma_1}{2} \tag{2.25}$$

最大、最小切应力的方向与 $\sigma_1$ 和 $\sigma_3$ 交 45°, 若取 $O\sigma_1\sigma_3$ 平面, 则受力情况如图 2.5 所示.

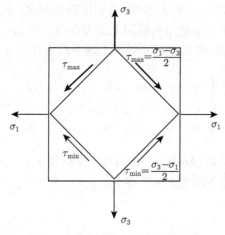

图 2.5  最大、最小切应力的方向

对平面问题, 最大切应力和最小切应力为

$$\left.\begin{array}{l} \tau_{\max} \\ \tau_{\min} \end{array}\right\} = \pm\sqrt{\left(\frac{\sigma_x - \sigma_y}{2}\right)^2 + \tau_{xy}^2} \tag{2.26}$$

或用主应力表示为

$$\left.\begin{array}{l} \tau_{\max} \\ \tau_{\min} \end{array}\right\} = \pm\frac{\sigma_1 - \sigma_2}{2} \tag{2.27}$$

最大、最小切应力所在的面与主平面成 45° 角.

### 2.1.8　应力分量转换公式

和矢量一样, 张量在不同坐标系中的分量是不同的, 它们之间存在一定的转换关系. 用应力张量在旧坐标系 $(x, y, z)$ 中的九个分量 $\sigma_{ij}$ 求新坐标系 $(x', y', z')$ 中九个应力分量 $\sigma_{i'j'}$ 的计算公式称为应力的坐标转换公式, 简称应力转换公式或转轴公式. 它的作用如下:

(1) 由旧坐标 (常选笛卡儿坐标) 中的应力分量求新坐标 (可选任意正交曲线坐标) 中的应力分量.

(2) 求斜截面应力. 把斜面法线和斜面内某两个相互垂直的方向选作新坐标轴, 用转轴公式能求得斜面上的正应力和切应力.

下面推导应力转换公式:

第一步, 由于三维坐标系的转动, 使得新坐标系中六面体微元的三个坐标正面和三个坐标负面在旧坐标系中都是斜面. 故此, 我们可以将新坐标系中微元体的坐标面看成是旧坐标系微元体中的斜截面, 并利用斜截面应力公式 (2.4), 分别建立旧坐标系中斜截面上的应力分量与坐标面上应力分量的关系, 写为如下的表达形式, 如新坐标系中 $x'$ 坐标面, 即旧坐标系斜面上的全应力在 $x, y, z$ 上的投影为

$$\left\{\begin{array}{l} p_{x'x} = l_{x'x}\sigma_x + l_{x'y}\tau_{yx} + l_{x'z}\tau_{zx} \\ p_{x'y} = l_{x'x}\tau_{xy} + l_{x'y}\sigma_y + l_{x'z}\tau_{zy} \\ p_{x'z} = l_{x'x}\tau_{xz} + l_{x'y}\tau_{yz} + l_{x'z}\sigma_z \end{array}\right. \tag{2.28}$$

式中 $l_{x'x}$, $l_{x'y}$ 和 $l_{x'z}$ 为新坐标轴 $x'$ 分别与旧坐标轴 $x, y, z$ 夹角的方向余弦.

式 (2.28) 也可写成下面形式的矩阵表达式

$$\begin{bmatrix} p_{x'x} & p_{x'y} & p_{x'z} \end{bmatrix} = \begin{bmatrix} l_{x'x} & l_{x'y} & l_{x'z} \end{bmatrix} \begin{bmatrix} \sigma_x & \tau_{xy} & \tau_{xz} \\ \tau_{yx} & \sigma_y & \tau_{yz} \\ \tau_{zx} & \tau_{zy} & \sigma_z \end{bmatrix} \tag{2.29}$$

同理, 也可分别推导出新坐标系中 $y'$ 及 $z'$ 坐标面上的应力在 $x, y, z$ 上的投影的矩阵表达式. 把它们合写在一起, 有

$$\begin{bmatrix} p_{x'x} & p_{x'y} & p_{x'z} \\ p_{y'x} & p_{y'y} & p_{y'z} \\ p_{z'x} & p_{z'y} & p_{z'z} \end{bmatrix} = \begin{bmatrix} l_{x'x} & l_{x'y} & l_{x'z} \\ l_{y'x} & l_{y'y} & l_{y'z} \\ l_{z'x} & l_{z'y} & l_{z'z} \end{bmatrix} \begin{bmatrix} \sigma_x & \tau_{xy} & \tau_{xz} \\ \tau_{yx} & \sigma_y & \tau_{yz} \\ \tau_{zx} & \tau_{zy} & \sigma_z \end{bmatrix} \tag{2.30}$$

式中 $l_{y'x}$, $l_{y'y}$ 和 $l_{y'z}$ 为新坐标轴 $y'$ 分别与旧坐标轴 $x, y, z$ 夹角的方向余弦; $l_{z'x}$, $l_{z'y}$ 和 $l_{z'z}$ 为新坐标轴 $z'$ 分别与旧坐标轴 $x, y, z$ 夹角的方向余弦.

第二步, 将新坐标面上应力在旧坐标轴上的分量向新坐标轴投影. 例如, 新坐标系中 $x'$ 坐标面上的应力在 $x, y$ 和 $z$ 方向的分量 $p_{x'x}, p_{x'y}$ 和 $p_{x'z}$ 分别向新坐标轴 $x', y'$ 和 $z'$ 上分解, 可得

$$\begin{cases} p_{x'x'} = l_{x'x}p_{x'x} + l_{x'y}p_{x'y} + l_{x'z}p_{x'z} \\ p_{x'y'} = l_{y'x}p_{x'x} + l_{y'y}p_{x'y} + l_{y'z}p_{x'z} \\ p_{x'z'} = l_{z'x}p_{x'x} + l_{z'y}p_{x'y} + l_{z'z}p_{x'z} \end{cases} \tag{2.31}$$

式 (2.31) 也可写成下面形式的矩阵表达式

$$\begin{bmatrix} p_{x'x'} & p_{x'y'} & p_{x'z'} \end{bmatrix} = \begin{bmatrix} p_{x'x} & p_{x'y} & p_{x'z} \end{bmatrix} \begin{bmatrix} l_{x'x} & l_{y'x} & l_{z'x} \\ l_{x'y} & l_{y'y} & l_{z'y} \\ l_{x'z} & l_{y'z} & l_{z'z} \end{bmatrix} \tag{2.32}$$

同理, 新坐标系中 $y'$ 和 $z'$ 坐标面上的应力在 $x, y$ 和 $z$ 方向的分量也可分别向新坐标轴 $x', y'$ 和 $z'$ 上分解. 把它们合写在一起, 有

$$\begin{bmatrix} p_{x'x'} & p_{x'y'} & p_{x'z'} \\ p_{y'x'} & p_{y'y'} & p_{y'z'} \\ p_{z'x'} & p_{z'y'} & p_{z'z'} \end{bmatrix} = \begin{bmatrix} p_{x'x} & p_{x'y} & p_{x'z} \\ p_{y'x} & p_{y'y} & p_{y'z} \\ p_{z'x} & p_{z'y} & p_{z'z} \end{bmatrix} \begin{bmatrix} l_{x'x} & l_{y'x} & l_{z'x} \\ l_{x'y} & l_{y'y} & l_{z'y} \\ l_{x'z} & l_{y'z} & l_{z'z} \end{bmatrix} \tag{2.33}$$

将式 (2.30) 代入式 (2.33), 可得新坐标系下一点的应力分量与旧坐标系下该点应力分量的转换关系表达式

$$\begin{bmatrix} p_{x'x'} & p_{x'y'} & p_{x'z'} \\ p_{y'x'} & p_{y'y'} & p_{y'z'} \\ p_{z'x'} & p_{z'y'} & p_{z'z'} \end{bmatrix} = \begin{bmatrix} l_{x'x} & l_{x'y} & l_{x'z} \\ l_{y'x} & l_{y'y} & l_{y'z} \\ l_{z'x} & l_{z'y} & l_{z'z} \end{bmatrix} \begin{bmatrix} \sigma_x & \tau_{xy} & \tau_{xz} \\ \tau_{yx} & \sigma_y & \tau_{yz} \\ \tau_{zx} & \tau_{zy} & \sigma_z \end{bmatrix} \begin{bmatrix} l_{x'x} & l_{y'x} & l_{z'x} \\ l_{x'y} & l_{y'y} & l_{z'y} \\ l_{x'z} & l_{y'z} & l_{z'z} \end{bmatrix}$$

$$\tag{2.34}$$

进一步, 应力的坐标转换公式可表达如下:

$$
\begin{bmatrix}
\sigma_{x'} & \tau_{x'y'} & \tau_{x'z'} \\
\tau_{y'x'} & \sigma_{y'} & \tau_{y'z'} \\
\tau_{z'x'} & \tau_{z'y'} & \sigma_{z'}
\end{bmatrix}
=
\begin{bmatrix}
l_{x'x} & l_{x'y} & l_{x'z} \\
l_{y'x} & l_{y'y} & l_{y'z} \\
l_{z'x} & l_{z'y} & l_{z'z}
\end{bmatrix}
\begin{bmatrix}
\sigma_{x} & \tau_{xy} & \tau_{xz} \\
\tau_{yx} & \sigma_{y} & \tau_{yz} \\
\tau_{zx} & \tau_{zy} & \sigma_{z}
\end{bmatrix}
\begin{bmatrix}
l_{x'x} & l_{x'y} & l_{x'z} \\
l_{y'x} & l_{y'y} & l_{y'z} \\
l_{z'x} & l_{z'y} & l_{z'z}
\end{bmatrix}^{\mathrm{T}}
$$

$$(2.35)$$

将式 (2.35) 右端作矩阵相乘, 并令等式两端的对应分量相等, 即可得到应力转换公式的分量形式

$$
\begin{cases}
\sigma_{x'} = \sigma_x l_{x'x}^2 + \sigma_y l_{x'y}^2 + \sigma_z l_{x'z}^2 + 2\tau_{xy}l_{x'x}l_{x'y} + 2\tau_{yz}l_{x'y}l_{x'z} + 2\tau_{zx}l_{x'z}l_{x'x} \\
\sigma_{y'} = \sigma_x l_{y'x}^2 + \sigma_y l_{y'y}^2 + \sigma_z l_{y'z}^2 + 2\tau_{xy}l_{y'x}l_{y'y} + 2\tau_{yz}l_{y'y}l_{y'z} + 2\tau_{zx}l_{y'z}l_{y'x} \\
\sigma_{z'} = \sigma_x l_{z'x}^2 + \sigma_y l_{z'y}^2 + \sigma_z l_{z'z}^2 + 2\tau_{xy}l_{z'x}l_{z'y} + 2\tau_{yz}l_{z'y}l_{z'z} + 2\tau_{zx}l_{z'z}l_{z'x} \\
\tau_{x'y'} = \sigma_x l_{x'x}l_{y'x} + \sigma_y l_{x'y}l_{y'y} + \sigma_z l_{x'z}l_{y'z} \\
\qquad + \tau_{xy}\left(l_{x'x}l_{y'y} + l_{x'y}l_{y'x}\right) + \tau_{yz}\left(l_{x'y}l_{y'z} + l_{x'z}l_{y'y}\right) + \tau_{zx}\left(l_{x'z}l_{y'x} + l_{x'x}l_{y'z}\right) \\
\tau_{y'z'} = \sigma_x l_{y'x}l_{z'x} + \sigma_y l_{y'y}l_{z'y} + \sigma_z l_{y'z}l_{z'z} \\
\qquad + \tau_{xy}\left(l_{y'x}l_{z'y} + l_{y'y}l_{z'x}\right) + \tau_{yz}\left(l_{y'y}l_{z'z} + l_{y'z}l_{z'y}\right) + \tau_{zx}\left(l_{y'z}l_{z'x} + l_{y'x}l_{z'z}\right) \\
\tau_{z'x'} = \sigma_x l_{z'x}l_{x'x} + \sigma_y l_{z'y}l_{x'y} + \sigma_z l_{z'z}l_{x'z} \\
\qquad + \tau_{xy}\left(l_{z'x}l_{x'y} + l_{z'y}l_{x'x}\right) + \tau_{yz}\left(l_{z'y}l_{x'z} + l_{z'z}l_{x'y}\right) + \tau_{zx}\left(l_{z'z}l_{x'x} + l_{z'x}l_{x'z}\right)
\end{cases}
$$

$$(2.36)$$

对二维应力状态, $\sigma_z = \tau_{yz} = \tau_{zx} = 0$, 设新坐标系与旧坐标系原点重合并绕 $z$ 轴旋转, $l_{x'x} = l_{y'y} = \cos\theta, l_{x'y} = -l_{y'x} = \sin\theta$, 其中 $\theta$ 为 $x'$ 轴与 $x$ 轴的夹角, 从 $x$ 轴逆时针向 $x'$ 轴旋转为正, 则三维应力转换公式可简化为

$$
\begin{cases}
\sigma_{x'} = \sigma_x \cos^2\theta + \sigma_y \sin^2\theta + 2\tau_{xy}\cos\theta\sin\theta \\
\sigma_{y'} = \sigma_x \sin^2\theta + \sigma_y \cos^2\theta - 2\tau_{xy}\cos\theta\sin\theta \\
\tau_{x'y'} = -\left(\sigma_x - \sigma_y\right)\cos\theta\sin\theta + \tau_{xy}\left(\cos^2\theta - \sin^2\theta\right)
\end{cases}
$$

$$(2.37)$$

## 2.2　应变状态

在外力、温度或其他作用下, 弹性体内各部分之间发生相对运动, 物体就发生了变形, 当物体发生了变形, 就表示物体内部各点产生了应变, 本节主要分析弹性体内部一点的应变状态, 为建立弹性力学几何方程和应变协调方程建立基础.

### 2.2.1　位移及其分量

由于弹性体在外力作用下内部各点发生相对位移变化, 如设位置为 $D$ 的弹性体, 发生位移变化后位置为 $D_1$. 这种位置变化包括两部分, 一部分是整体物体有原

来的位置 $D$ 移动到新的位置 $D_1$, 这部分称为刚体位移; 另一部分是内部各点之间的距离也有变化, 这部分称为形状的变化或简称变形.

弹性体中每点的位移是不同的, 但由于物体是连续性介质, 变形前和变形后仍然保持连续体, 所以变形前物体内每一点, 与变形后的物体内相应点是一一对应的. 在同一坐标系下, 取弹性体内任意一点 $P(x,y,z)$, 变形后这点移动到 $P_1(x_1,y_1,z_1)$, 则根据连续性要求, $x_1, y_1, z_1$ 必须是 $x, y, z$ 的单值连续函数, 则矢量 $PP_1$ 就是弹性体在变形过程中 $P$ 点的位移, 将其在三个坐标轴上投影, 得到三个位移的分量, 如果用 $u, v, w$ 表示位移分量, 则有

$$\begin{cases} u = x_1(x,y,z) - x = u(x,y,z) \\ v = y_1(x,y,z) - y = v(x,y,z) \\ w = z_1(x,y,z) - z = w(x,y,z) \end{cases}$$

式中 $u, v, w$ 是 $P$ 点的一个位移矢量的三个分量, 并且随点的位置不同而不同, 因此 $u, v, w$ 是 $x, y, z$ 的单值连续函数, 即一点的位移矢量只有一个.

### 2.2.2 应变及应变分量

为进一步研究弹性体的变形情况, 可以采用应变来描述弹性体的变形状态. 为研究应变, 自假设将物体离散成无数个与坐标平面平行的六面体, 分析每个六面的变形就可得到整体弹性体的变形状态. 取任意一个六面体如图 2.6 所示, 则变形后的对应六面体, 与变形前的六面体相比, 棱边发生长度和夹角都发生变化, 则可以定义棱边的伸长率为正应变, 棱边夹角的变化为切应变. 例如, 棱边 $MA$ 变形后为 $M'A'$, 如用 $\varepsilon_x$ 表示棱边 $MA$ 的正应变, 用 $\gamma_{xy}$ 表示 $MA$ 与 $MB$ 之间夹角的变化即切应变, 则

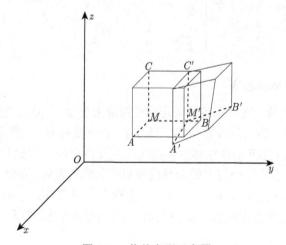

图 2.6 物体变形示意图

$$\varepsilon_x = \frac{M'A' - MA}{MA}, \quad \gamma_{xy} = \frac{\pi}{2} - \angle A'M'B' \tag{2.38}$$

同理,

$$\varepsilon_y = \frac{M'B' - MB}{MB}, \quad \gamma_{xz} = \frac{\pi}{2} - \angle C'M'A' \tag{2.39}$$

$$\varepsilon_z = \frac{M'C' - MC}{MC}, \quad \gamma_{yz} = \frac{\pi}{2} - \angle C'M'B' \tag{2.40}$$

### 2.2.3    一点的应变状态

应变状态是弹性体内某一点各个不同方向的应变情况. 与应力状态类似, 一点的应变状态也有 9 个分量, 考虑到切应变互等 $\gamma_{ij} = \gamma_{ji}$, 描述物体变形的独立的应变分量也是 6 个. 在小变形情况下的应变分量也称工程应变. 9 个应变分量可写为

$$\begin{bmatrix} \varepsilon_x & \gamma_{xy} & \gamma_{xz} \\ \gamma_{yx} & \varepsilon_y & \gamma_{yz} \\ \gamma_{zx} & \gamma_{zy} & \varepsilon_z \end{bmatrix}$$

但应该指出的是: 这些具有物理意义的工程应变分量的集合不是张量. 因为在数学上, 张量的所有分量在进行坐标变换时, 必须依照某些规则作线性变换. 为了今后能方便地利用数学上的张量工具和运算规则来推导公式, 我们取 $\varepsilon_{ij} = \frac{1}{2}\gamma_{ij}$, 则构造了一个符合张量运算规律的新的量, 称为应变张量

$$\boldsymbol{\varepsilon}_{ij} = \begin{bmatrix} \varepsilon_{xx} & \varepsilon_{xy} & \varepsilon_{xz} \\ \varepsilon_{yx} & \varepsilon_{yy} & \varepsilon_{yz} \\ \varepsilon_{zx} & \varepsilon_{zy} & \varepsilon_{zz} \end{bmatrix} = \begin{bmatrix} \varepsilon_x & \frac{1}{2}\gamma_{xy} & \frac{1}{2}\gamma_{xz} \\ \frac{1}{2}\gamma_{yx} & \varepsilon_y & \frac{1}{2}\gamma_{yz} \\ \frac{1}{2}\gamma_{zx} & \frac{1}{2}\gamma_{zy} & \varepsilon_z \end{bmatrix} \quad (i = x, y, z; \ j = x, y, z) \tag{2.41}$$

### 2.2.4    主应变与体积应变

物体内任意点的应变状态可以采用应变张量来表示, 并且应变张量分量随着坐标系的不同而不同, 那么是否存在某一坐标系, 在此坐标系下, 微分体只有正应变, 而没有切应变. 研究表明, 弹性体也存在三个相互垂直的主应变和主应变方向, 在物体发生变形后, 沿这三个方向的微分线段只有长度的变化, 它们之间直角变形后仍保持为直角, 即切应变为零. 此时的三个应变为主应变, 用 $\varepsilon_1, \varepsilon_2$ 和 $\varepsilon_3$ 表示.

采用与求解主应力相同的方法, 可以得到应变状态特征方程

$$\varepsilon^3 - J_1\varepsilon^2 + J_2\varepsilon - J_3 = 0 \tag{2.42}$$

式中 $J_1, J_2$ 和 $J_3$ 分别为应变张量的第一不变量、第二不变量和第三不变量:

$$J_1 = \varepsilon_x + \varepsilon_y + \varepsilon_z = \varepsilon_1 + \varepsilon_2 + \varepsilon_3 \tag{2.43}$$

$$J_2 = \varepsilon_y\varepsilon_z + \varepsilon_z\varepsilon_x + \varepsilon_x\varepsilon_y - \frac{1}{4}(\gamma_{yz}^2 + \gamma_{xz}^2 + \gamma_{xy}^2) = \varepsilon_1\varepsilon_2 + \varepsilon_2\varepsilon_3 + \varepsilon_3\varepsilon_1 \tag{2.44}$$

$$J_3 = \begin{vmatrix} \varepsilon_x & \frac{1}{2}\gamma_{xy} & \frac{1}{2}\gamma_{xz} \\ \frac{1}{2}\gamma_{xy} & \varepsilon_y & \frac{1}{2}\gamma_{yz} \\ \frac{1}{2}\gamma_{xz} & \frac{1}{2}\gamma_{yz} & \varepsilon_z \end{vmatrix} = \varepsilon_1\varepsilon_2\varepsilon_3 \tag{2.45}$$

仿照求解主应力的方法, 从式 (2.42) 可求出主应变 $\varepsilon_1, \varepsilon_2$ 和 $\varepsilon_3$.

对于平面问题, 主应变的计算公式为

$$\varepsilon_{1,2} = \frac{\varepsilon_x + \varepsilon_y}{2} \pm \sqrt{\left(\frac{\varepsilon_x - \varepsilon_y}{2}\right)^2 + \left(\frac{\gamma_{xy}}{2}\right)^2} \tag{2.46}$$

主方向为

$$\tan\theta_1 = \frac{\gamma_{xy}}{2(\varepsilon_1 - \varepsilon_y)}, \quad \theta_2 = 90° - \theta_1 \tag{2.47}$$

式中 $\theta_1$ 为第一主应变 $\varepsilon_1$ 与 $x$ 轴的夹角, $\theta_2$ 为第二主应变 $\varepsilon_2$ 与 $x$ 轴的夹角.

### 2.2.5 最大切应变和体积应变

最大切应变发生在主平面 $\varepsilon_1 - \varepsilon_3$ 内对主方向旋转 45° 的截面上, 其值为最大与最小主应变之差, 即

$$\gamma_{\max} = \varepsilon_1 - \varepsilon_3 \tag{2.48}$$

体积应变即为物体变形后, 单位体积的改变. 例如对于边长为 $\mathrm{d}x, \mathrm{d}y, \mathrm{d}z$ 的微分体, 则其体积应为

$$V = \mathrm{d}x\mathrm{d}y\mathrm{d}z \tag{2.49}$$

在微分体发生变形后, 边长伸长或缩短, 夹角也变化, 由于切应变相对正应变引起的体积改变是高阶微量, 所以略去切应变的影响, 则变形后的体积为

$$V' = \mathrm{d}x(1 + \varepsilon_x)\mathrm{d}y(1 + \varepsilon_y)\mathrm{d}z(1 + \varepsilon_z) \approx \mathrm{d}x\mathrm{d}y\mathrm{d}z(1 + \varepsilon_x + \varepsilon_y + \varepsilon_z) \tag{2.50}$$

所以体积应变为

$$\Theta = \frac{V' - V}{V} = \varepsilon_x + \varepsilon_y + \varepsilon_z = \frac{\partial u}{\partial x} + \frac{\partial v}{\partial y} + \frac{\partial w}{\partial z} \tag{2.51}$$

由此可知, 体积应变在数值上与应变不变量 $J_1$ 相等.

### 2.2.6   应变分量转换公式

与应力分量转化公式一样, 三维问题的应变分量也有转轴公式, 其推导与应力转轴公式推导相同, 其结果为

$$
\begin{bmatrix}
\varepsilon_{x'} & \varepsilon_{x'y'} & \varepsilon_{x'z'} \\
\varepsilon_{y'x'} & \varepsilon_{y'} & \varepsilon_{y'z'} \\
\varepsilon_{z'x'} & \varepsilon_{z'y'} & \varepsilon_{z'}
\end{bmatrix}
$$
$$
=
\begin{bmatrix}
l_{x'x} & l_{x'y} & l_{x'z} \\
l_{y'x} & l_{y'y} & l_{y'z} \\
l_{z'x} & l_{z'y} & l_{z'z}
\end{bmatrix}
\begin{bmatrix}
\varepsilon_x & \varepsilon_{xy} & \varepsilon_{xz} \\
\varepsilon_{yx} & \varepsilon_y & \varepsilon_{yz} \\
\varepsilon_{zx} & \varepsilon_{zy} & \varepsilon_z
\end{bmatrix}
\begin{bmatrix}
l_{x'x} & l_{x'y} & l_{x'z} \\
l_{y'x} & l_{y'y} & l_{y'z} \\
l_{z'x} & l_{z'y} & l_{z'z}
\end{bmatrix}^{\mathrm{T}}
\tag{2.52}
$$

注意根据张量运算规则, 有 $\varepsilon_{xy} = \dfrac{1}{2}\gamma_{xy}$, $\varepsilon_{yz} = \dfrac{1}{2}\gamma_{yz}$ 以及 $\varepsilon_{zx} = \dfrac{1}{2}\gamma_{zx}$.

# 思考题与习题 2

**2-1**   什么是一点的应力状态和应变状态? 如何表示一点的应力状态和一点的应变状态? 为什么要研究应力状态和应变状态?

**2-2**   什么是主应力和主应变? 为什么要研究主应力和主应变? 主应力或主应变与坐标面上的应力分量或应变分量有何区别?

**2-3**   试推导空间问题的最大切应力计算公式 (要求给出详细的推导过程).

**2-4**   已知一点的应力张量为 $\begin{bmatrix} 15 & 15 & 24 \\ 15 & 0 & -22.5 \\ 24 & -22.5 & -9 \end{bmatrix} \times 100(\mathrm{N/cm^2})$, 试求过该点且方向余弦为 $\left( \dfrac{1}{2} \quad \dfrac{1}{2} \quad \dfrac{1}{\sqrt{2}} \right)$ 的斜截面上的正应力和切应力, 并求出该点的主应力和最大切应力.

**2-5**   已知旧坐标系 $x, y, z$ 中的应变张量 $\varepsilon_{ij}$, 现将该坐标系绕 $z$ 轴转 $\theta$ 角得到新坐标系 $x', y', z'$, 试求该新坐标系中的应变张量 $\varepsilon_{i'j'}$ 计算公式.

**2-6**   工程中常把电阻应变片贴在工程结构的表面来测量结构受力后的应变, 并进一步计算应力. 图 2.7 是由三个电阻片组成的直角电阻应变花. 若试验中在某测点上测得 $\varepsilon_{0^\circ} = 200 \times 10^{-6}$, $\varepsilon_{45^\circ} = 900 \times 10^{-6}$ 和 $\varepsilon_{90^\circ} = 1000 \times 10^{-6}$. 试求该测点的主应变大小及方向.

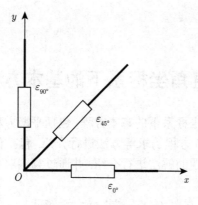

图 2.7　题 2-6 图

# 第 3 章　直角坐标系下的基本方程及基本解

本章首先介绍直角坐标系下的基本方程, 包括平衡方程、几何方程、物理方程和边界条件, 然后对基本方程的求解方法进行介绍, 包括位移方法和应力方法, 最后对平面问题和空间问题的解法进行介绍, 并通过算例对相关方法进行讲解.

## 3.1　基 本 方 程

### 3.1.1　平衡方程

相对地面静止的弹性体内部任一小部分单元体都是处于静力平衡状态的. 使用六个与三维直角坐标系坐标面平行的平面从弹性体中任意一点的邻域截取一个微六面体, 如图 3.1 所示.

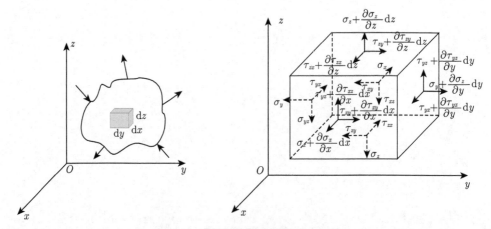

图 3.1　弹性体内部取出的微六面体

沿微元体的三条垂直的边定义三维直角坐标系, 微元体各边长分别记为 $\mathrm{d}x$, $\mathrm{d}y$, $\mathrm{d}z$. 微六面体左侧面为 $y$ 轴方向的负面, 其应力记为 $\sigma_y, \tau_{yz}, \tau_{yx}$. 微六面体中与之相对的面为 $y$ 轴方向的正面, 沿坐标 $y$ 有增量 $\mathrm{d}y$. 根据应力函数的连续性并按泰勒级数相对左侧面展开, 略去高阶项, 它应是

$$\sigma_y + \frac{\delta \sigma_y}{\delta y}\mathrm{d}y, \tau_{yz} + \frac{\delta \tau_{yz}}{\delta y}\mathrm{d}y, \tau_{yx} + \frac{\delta \tau_{yx}}{\delta y}\mathrm{d}y$$

同理可得其他四个面上的应力. 根据微元体的平衡条件, 得到如下六个平衡

方程

$$\sum F_x = 0, \quad \sum F_y = 0, \quad \sum F_z = 0, \quad \sum M_x = 0, \quad \sum M_y = 0, \quad \sum M_z = 0$$

考虑微元体沿 $x$ 方向的平衡, 可得

$$\left(\sigma_x + \frac{\delta\sigma_x}{\delta x}\mathrm{d}x\right)\mathrm{d}y\mathrm{d}z - \sigma_x\mathrm{d}y\mathrm{d}z + \left(\tau_{yx} + \frac{\delta\tau_{yx}}{\delta y}\mathrm{d}y\right)\mathrm{d}x\mathrm{d}z - \tau_{yx}\mathrm{d}x\mathrm{d}z$$

$$+ \left(\tau_{zx} + \frac{\delta\tau_{zx}}{\delta z}\mathrm{d}z\right)\mathrm{d}x\mathrm{d}y - \tau_{zx}\mathrm{d}x\mathrm{d}y + F_x\mathrm{d}x\mathrm{d}y\mathrm{d}z = 0$$

整理上式并除以 $\mathrm{d}x\mathrm{d}y\mathrm{d}z$ 后, 得

$$\frac{\partial\sigma_x}{\partial x} + \frac{\partial\tau_{yx}}{\partial y} + \frac{\partial\tau_{zx}}{\partial z} + F_x = 0 \tag{3.1a}$$

再由 $\sum F_y = 0$ 及 $\sum F_z = 0$, 得到类似的下面两组方程

$$\frac{\partial\tau_{xy}}{\partial x} + \frac{\partial\sigma_y}{\partial y} + \frac{\partial\tau_{zy}}{\partial z} + F_y = 0 \tag{3.1b}$$

$$\frac{\partial\tau_{xz}}{\partial x} + \frac{\partial\tau_{yz}}{\partial y} + \frac{\partial\sigma_z}{\partial z} + F_z = 0 \tag{3.1c}$$

式 (3.1a~c) 就是弹性力学的平衡微分方程, 其中 $F_x, F_y, F_z$ 为体力在三个坐标轴上的投影.

再考虑力矩平衡条件, 由条件 $\sum M_x = 0$, 以连接六面体前后两个面形心的连线为矩轴, 凡作用线通过该线或方向与 $x$ 轴平行的应力和体力分量对该轴的矩为 0, 于是有

$$\left(\tau_{yz} + \frac{\partial\tau_{yz}}{\partial y}\mathrm{d}y\right)\mathrm{d}x\mathrm{d}z\frac{\mathrm{d}y}{2} + \tau_{yz}\mathrm{d}x\mathrm{d}z\frac{\mathrm{d}y}{2}$$

$$- \left(\tau_{zy} + \frac{\partial\tau_{zy}}{\partial z}\mathrm{d}z\right)\mathrm{d}x\mathrm{d}y\frac{\mathrm{d}z}{2} - \tau_{zy}\mathrm{d}x\mathrm{d}y\frac{\mathrm{d}z}{2} = 0$$

展开上式, 并略去二阶微量项, 可得下列方程第一式. 同理应用另外两个力矩平衡条件, 可得下列方程的第二式和第三式

$$\begin{aligned} \tau_{yz} &= \tau_{zy} \\ \tau_{xy} &= \tau_{yx} \\ \tau_{zx} &= \tau_{xz} \end{aligned} \tag{3.2}$$

这就是切应力互等定理. 在材料力学中已给出, 它表明: 在相互垂直的平面上, 与两平面的交线垂直的切应力分量的大小相等, 方向指向或背离这条交线. 根据切应力互等定理, 空间一点的 9 个应力分量中只有 6 个是独立的.

式 (3.1) 表示的平衡微分方程可以写为如下矩阵形式

$$\begin{bmatrix} \sigma_x & \tau_{xy} & \tau_{xz} \\ \tau_{yx} & \sigma_y & \tau_{yz} \\ \tau_{zx} & \tau_{zy} & \sigma_z \end{bmatrix} \left\{ \begin{array}{c} \dfrac{\partial}{\partial x} \\[2mm] \dfrac{\partial}{\partial y} \\[2mm] \dfrac{\partial}{\partial z} \end{array} \right\} + \left\{ \begin{array}{c} F_x \\ F_y \\ F_z \end{array} \right\} = 0 \tag{3.3}$$

### 3.1.2　几何方程

设有一弹性体在外力作用下发生如图 3.2(a) 所示变形.

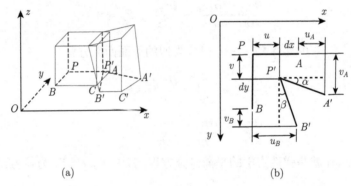

(a)　　　　　　　　　　　　　　(b)

图 3.2　弹性体任意点的位置变化

将变形前微元体中边 $PA, PB$ 及变形后边 $P'A', P'B'$ 投影到坐标面 $xOy$ 上, 如图 3.2(b) 所示, 设边长 $PA = \mathrm{d}x, PB = \mathrm{d}y$, 在弹性体发生变形后, $P$ 点移动到 $P'$, 在 $xOy$ 平面上将 $P$ 点位移沿坐标轴分解为 $u$ 和 $v$ 两个分量. 同理, $A$ 和 $B$ 点在 $xOy$ 也有自己的位移, 将它们沿坐标轴分解就是 $u_A, v_A$ 和 $u_B, v_B$, 由 $A, B, P$ 三点之间的坐标关系及连续函数 $u$ 与 $v$ 的泰勒展开公式, 可得各点位移表达式的关系, 即

$$\left\{ \begin{array}{l} u_P = u(x, y), \\ v_P = v(x, y), \end{array} \right. \quad \left\{ \begin{array}{l} u_A = u(x, y) + \dfrac{\partial u}{\partial x}\mathrm{d}x, \\[2mm] v_A = v(x, y) + \dfrac{\partial v}{\partial x}\mathrm{d}x, \end{array} \right. \quad \left\{ \begin{array}{l} u_B = u(x, y) + \dfrac{\partial u}{\partial y}\mathrm{d}y \\[2mm] v_B = v(x, y) + \dfrac{\partial v}{\partial y}\mathrm{d}y \end{array} \right.$$

因此, 微元体边 $PA, PB$ 在变形后的相对伸长及它们之间的直角的减小分别为

$$\varepsilon_x = \frac{P'A' - PA}{PA} \approx \frac{\left(u + \dfrac{\partial u}{\partial x}\mathrm{d}x\right) - u}{\mathrm{d}x} = \frac{\partial u}{\partial x}$$

$$\varepsilon_y = \frac{P'B' - PB}{PB} \approx \frac{\left(v + \dfrac{\partial v}{\partial y}\mathrm{d}y\right) - v}{\mathrm{d}y} = \frac{\partial v}{\partial y}$$

$$\gamma_{xy} = \alpha + \beta \approx \frac{\left(v + \dfrac{\partial v}{\partial x}\mathrm{d}x\right) - v}{\mathrm{d}x} + \frac{\left(u + \dfrac{\partial u}{\partial y}\mathrm{d}y\right) - u}{\mathrm{d}y} = \frac{\partial v}{\partial x} + \frac{\partial u}{\partial y}$$

以上三式即为 $xOy$ 平面内几何关系. 同理可得到 $yOz$ 和 $zOx$ 坐标面的几何关系

$$\varepsilon_z = \frac{\partial w}{\partial z}, \quad \gamma_{yz} = \frac{\partial w}{\partial y} + \frac{\partial v}{\partial z}, \quad \gamma_{zx} = \frac{\partial u}{\partial z} + \frac{\partial w}{\partial x}$$

式中 $w$ 表示 $P$ 点在 $z$ 轴方向的位移. 几何方程写成矩阵形式为

$$\left\{ \begin{array}{c} \varepsilon_x \\ \varepsilon_y \\ \varepsilon_z \end{array} \right\} = \left[ \begin{array}{ccc} \dfrac{\partial}{\partial x} & 0 & 0 \\ 0 & \dfrac{\partial}{\partial y} & 0 \\ 0 & 0 & \dfrac{\partial}{\partial z} \end{array} \right] \left\{ \begin{array}{c} u \\ v \\ w \end{array} \right\}, \quad \left\{ \begin{array}{c} \gamma_{xy} \\ \gamma_{yz} \\ \gamma_{zx} \end{array} \right\} = \left[ \begin{array}{ccc} \dfrac{\partial}{\partial y} & \dfrac{\partial}{\partial x} & 0 \\ 0 & \dfrac{\partial}{\partial z} & \dfrac{\partial}{\partial y} \\ \dfrac{\partial}{\partial z} & 0 & \dfrac{\partial}{\partial x} \end{array} \right] \left\{ \begin{array}{c} u \\ v \\ w \end{array} \right\} \tag{3.4}$$

几何方程也称为柯西方程.

对于几何方程, 在求解过程中可以有两种情况. 一种是由位移求应变, 另一种是由应变求位移. 前者是将表示位移的连续函数求导, 就可以得到确定的应变, 即如公式 (3.4) 所示; 而后者则须将表示应变的连续函数求积分, 得到的位移表达式中尚包含待定的积分常数, 要由约束条件来确定. 例如, 设应变全为零, 即

$$\varepsilon_x = \varepsilon_y = \varepsilon_z = \gamma_{xy} = \gamma_{yz} = \gamma_{xz} = 0$$

代入几何方程 (3.4), 得到方程组

$$\left\{ \begin{array}{c} \dfrac{\partial u}{\partial x} \\ \dfrac{\partial v}{\partial y} \\ \dfrac{\partial w}{\partial z} \end{array} \right\} = 0, \quad \left\{ \begin{array}{c} \dfrac{\partial v}{\partial x} + \dfrac{\partial u}{\partial y} \\ \dfrac{\partial w}{\partial y} + \dfrac{\partial v}{\partial z} \\ \dfrac{\partial u}{\partial z} + \dfrac{\partial w}{\partial x} \end{array} \right\} = 0 \tag{3.5}$$

由式 (3.5) 中第一式 (正应变等于 0) 积分得到

$$u = f_1(y, z), \quad v = f_2(x, z), \quad w = f_3(x, y) \tag{3.6}$$

式中 $f_1, f_2, f_3$ 是任意函数, 代入式 (3.5) 中第二式 (切应变等于 0) 得

$$
\begin{cases}
\dfrac{\partial f_2}{\partial x} + \dfrac{\partial f_1}{\partial y} = 0 \\[2mm]
\dfrac{\partial f_3}{\partial y} + \dfrac{\partial f_2}{\partial z} = 0 \\[2mm]
\dfrac{\partial f_1}{\partial z} + \dfrac{\partial f_3}{\partial x} = 0
\end{cases}
\tag{3.7}
$$

式 (3.6) 第一式对 $y$ 求导, 第三式对 $z$ 求导, 得到

$$
\frac{\partial^2 f_1}{\partial y^2} = 0, \quad \frac{\partial^2 f_1}{\partial z^2} = 0
$$

可见, $f_1(y, z)$ 中不包含 $y, z$ 的二次项, 可以表示为

$$
f_1(y, z) = a + b \cdot y + c \cdot z + d \cdot yz
$$

式中 $a, b, c, d$ 都是任意常数. 同理可求得

$$
f_2(z, x) = e + f \cdot z + g \cdot x + h \cdot zx
$$

$$
f_3(x, y) = i + j \cdot x + k \cdot y + l \cdot xy
$$

将以上求得的 $f_1, f_2$ 和 $f_3$ 代入式 (3.6), 得到

$$
(g + b) + (h + d)\, z = 0
$$
$$
(k + f) + (l + h)\, x = 0
$$
$$
(c + j) + (d + l)\, y = 0
$$

无论 $x, y, z$ 取任意值, 这些一次式都成立, 必须各个系数均为零, 于是得到

$$
b = -g, \quad d = -h, \quad f = -k, \quad l = -h, \quad c = -j, \quad d = -l
$$

可见 $l = d = h = 0$, 最后求得

$$
f_1 = a - gy + cz
$$
$$
f_2 = e - kz + gx
$$
$$
f_3 = i - cx + ky
$$

将 $a, e, i, k, c, g$ 分别改写为 $u_0, v_0, w_0, \omega_x, \omega_y, \omega_z$, 连同 $f_1, f_2, f_3$ 代入式 (3.6), 得到

$$
\begin{cases}
u = u_0 + \omega_y z - \omega_z y \\
v = v_0 + \omega_z x - \omega_x z \\
w = w_0 + \omega_x y - \omega_y x
\end{cases}
\tag{3.8}
$$

式 (3.8) 表示的是形变为零时的位移, 即刚体位移, 其中 $u_0, v_0, w_0$ 表示物体不变形情况下沿 $x, y, z$ 坐标方向的平移, $\omega_x, \omega_y, \omega_z$ 分别表示绕 $x, y, z$ 坐标轴的刚体转动.

### 3.1.3 变形协调方程

式 (3.4) 表示应变六个应变之间, 还可以从数学上推导一组描述各应变之间关系的方程式, 通常被称为**变形协调方程**, 或者**相容方程**. 该方程物理意义是: 只有满足变形协调方程的应变才是真实的应变, 其对应于弹性体产生连续变形.

首先, 对几何方程 (3.4) 的前两式分别求导后相加后整理可得

$$\frac{\partial^2 \varepsilon_x}{\partial y^2} + \frac{\partial^2 \varepsilon_y}{\partial x^2} = \frac{\partial^3 u}{\partial x \partial y^2} + \frac{\partial^3 v}{\partial y \partial x^2} = \frac{\partial^2}{\partial x \partial y}\left(\frac{\partial u}{\partial y} + \frac{\partial v}{\partial x}\right) = \frac{\partial^2 \gamma_{xy}}{\partial x \partial y}$$

同理, 可得 $\dfrac{\partial^2 \varepsilon_y}{\partial z^2} + \dfrac{\partial^2 \varepsilon_z}{\partial y^2} = \dfrac{\partial^2 \gamma_{yz}}{\partial y \partial z}$, 及 $\dfrac{\partial^2 \varepsilon_z}{\partial x^2} + \dfrac{\partial^2 \varepsilon_x}{\partial z^2} = \dfrac{\partial^2 \gamma_{zx}}{\partial z \partial x}$, 即有

$$\begin{cases} \dfrac{\partial^2 \varepsilon_x}{\partial y^2} + \dfrac{\partial^2 \varepsilon_y}{\partial x^2} = \dfrac{\partial^2 \gamma_{xy}}{\partial x \partial y} \\[3mm] \dfrac{\partial^2 \varepsilon_y}{\partial z^2} + \dfrac{\partial^2 \varepsilon_z}{\partial y^2} = \dfrac{\partial^2 \gamma_{yz}}{\partial y \partial z} \\[3mm] \dfrac{\partial^2 \varepsilon_z}{\partial x^2} + \dfrac{\partial^2 \varepsilon_x}{\partial z^2} = \dfrac{\partial^2 \gamma_{zx}}{\partial z \partial x} \end{cases} \tag{3.9a}$$

再者, 对几何方程 (3.4) 后三式求导得

$$\frac{\partial \gamma_{xy}}{\partial z} = \frac{\partial^2 u}{\partial y \partial z} + \frac{\partial^2 v}{\partial x \partial z}$$

$$\frac{\partial \gamma_{yz}}{\partial x} = \frac{\partial^2 v}{\partial z \partial x} + \frac{\partial^2 w}{\partial y \partial x}$$

$$\frac{\partial \gamma_{zx}}{\partial y} = \frac{\partial^2 w}{\partial x \partial y} + \frac{\partial^2 u}{\partial z \partial y}$$

将上面第二、第三式相加后减去第一式得

$$\frac{\partial \gamma_{zx}}{\partial y} + \frac{\partial \gamma_{yz}}{\partial x} - \frac{\partial \gamma_{xy}}{\partial z} = 2\frac{\partial^2 w}{\partial y \partial x}$$

将上式两边对 $z$ 求导, 得到

$$\frac{\partial}{\partial z}\left(\frac{\partial \gamma_{zx}}{\partial y} + \frac{\partial \gamma_{yz}}{\partial x} - \frac{\partial \gamma_{xy}}{\partial z}\right) = 2\frac{\partial^3 w}{\partial y \partial x \partial z} = 2\frac{\partial^2 \varepsilon_z}{\partial y \partial x}$$

同理, 可得

$$\frac{\partial}{\partial x}\left(-\frac{\partial \gamma_{yz}}{\partial x}+\frac{\partial \gamma_{zx}}{\partial y}+\frac{\partial \gamma_{xy}}{\partial z}\right)=2\frac{\partial^2 \varepsilon_x}{\partial y \partial z}, \; 及 \; \frac{\partial}{\partial y}\left(\frac{\partial \gamma_{yz}}{\partial x}-\frac{\partial \gamma_{zx}}{\partial y}+\frac{\partial \gamma_{xy}}{\partial z}\right)=2\frac{\partial^2 \varepsilon_y}{\partial z \partial x}$$

即有

$$\begin{cases} \dfrac{\partial}{\partial x}\left(-\dfrac{\partial \gamma_{yz}}{\partial x}+\dfrac{\partial \gamma_{zx}}{\partial y}+\dfrac{\partial \gamma_{xy}}{\partial z}\right)=2\dfrac{\partial^2 \varepsilon_x}{\partial y \partial z} \\[3mm] \dfrac{\partial}{\partial y}\left(\dfrac{\partial \gamma_{yz}}{\partial x}-\dfrac{\partial \gamma_{zx}}{\partial y}+\dfrac{\partial \gamma_{xy}}{\partial z}\right)=2\dfrac{\partial^2 \varepsilon_y}{\partial z \partial x} \\[3mm] \dfrac{\partial}{\partial z}\left(\dfrac{\partial \gamma_{yz}}{\partial x}+\dfrac{\partial \gamma_{zx}}{\partial y}-\dfrac{\partial \gamma_{xy}}{\partial z}\right)=2\dfrac{\partial^2 \varepsilon_z}{\partial y \partial x} \end{cases} \tag{3.9b}$$

式 (3.9a) 给出的是两两坐标平面内的变形协调关系, 式 (3.9b) 给出的则是不同坐标方向的变形协调关系, 理想弹性体内的应变应满足该式给出的方程式.

### 3.1.4　物理方程

在基本假设下, 弹性体是理想化的, 小变形情况下, 应力和应变之间是线性数量关系, 称为**广义胡克定律**. 胡克定律有两种表达形式, 每种形式都有六个方程式. 第一种形式, 是用应力表示应变, 即

$$\begin{aligned} \varepsilon_x &= \frac{1}{E}[\sigma_x - \nu(\sigma_y + \sigma_z)] \\[2mm] \varepsilon_y &= \frac{1}{E}[\sigma_y - \nu(\sigma_z + \sigma_x)] \\[2mm] \varepsilon_z &= \frac{1}{E}[\sigma_z - \nu(\sigma_x + \sigma_y)] \\[2mm] \gamma_{xy} &= \frac{1}{G}\tau_{xy} \\[2mm] \gamma_{yz} &= \frac{1}{G}\tau_{yz} \\[2mm] \gamma_{zx} &= \frac{1}{G}\tau_{zx} \end{aligned} \tag{3.10}$$

这六个方程式在弹性力学中称为**物理方程**, 式中 $E, G, \nu$ 分别称为**拉伸弹性模量**、**剪切弹性模量**、**泊松比**, 是由实验测定的材料常数. 对各向同性材料, 三个常数之间满足以下关系式, 即

$$G = \frac{E}{2(1+\nu)} \tag{3.11}$$

第二种形式是用应变表示应力, 也可将式 (3.10) 反解得到

$$\begin{aligned} \sigma_x &= \lambda \Theta + 2G\varepsilon_x \\ \sigma_y &= \lambda \Theta + 2G\varepsilon_y \\ \sigma_z &= \lambda \Theta + 2G\varepsilon_z \end{aligned}$$

$$\tau_{xy} = G\gamma_{xy}$$
$$\tau_{yz} = G\gamma_{yz} \tag{3.12}$$
$$\tau_{zx} = G\gamma_{zx}$$

式中 $\Theta = \varepsilon_x + \varepsilon_y + \varepsilon_z$, 称为**体积应变**. $\lambda$ 称为**拉梅常数**, 用材料常数表示为

$$\lambda = \frac{\nu E}{(1+\nu)(1-2\nu)} \tag{3.13}$$

或者

$$\lambda = \frac{2\nu G}{(1-2\nu)} \tag{3.14}$$

由式 (3.10), 式 (3.12) 的前三式还可得到体积应力 $I$ 和体积应变 $\Theta$ 之间成比例的关系式

$$I = (\sigma_x + \sigma_y + \sigma_z) = E_V\,\Theta, \quad \Theta = \frac{I}{E_V} \tag{3.15}$$

式中 $E_V$ 称为体积弹性模量, 用材料常数可表示为

$$E_V = \frac{E}{3(1-2\nu)} \tag{3.16}$$

至此, 得到平衡方程、几何方程、物理方程构成 15 个方程的基本方程组. 方程中包含着应力、应变、位移等 15 个基本未知量.

### 3.1.5 边界条件

弹性力学基本方程已建立, 为求得问题的解, 必须给出定解条件 —— 边界条件. 基本方程与边界条件的结合称为弹性力学的边值问题. 其边界条件有两种情形, 即应力边界条件和位移边界条件.

首先讨论应力边界条件. 在物体表面任一点 $P$ 的附近取一表面元素 $\mathrm{d}S$, 其法线为 $N$, 与 $x, y, z$ 轴的方向余弦记为 $(l_1, l_2, l_3)$, 作用在 $P$ 点的外力为 $\bar{F}$, 其在 $x, y, z$ 轴的分量记为 $\bar{F}_x, \bar{F}_y, \bar{F}_z$, 因此, 由式 (2.4) 可知, 在边界上 $P$ 点处应力与外力的平衡关系应为

$$\sigma_x l_1 + \tau_{xy} l_2 + \tau_{xz} l_3 = \bar{F}_x$$
$$\tau_{yx} l_1 + \sigma_y l_2 + \tau_{yz} l_3 = \bar{F}_y \tag{3.17}$$
$$\tau_{zx} l_1 + \tau_{zy} l_2 + \sigma_z l_3 = \bar{F}_z$$

式 (3.17) 为弹性体的应力边界条件, 即在弹性体边界处面力与此处应力的关系.

对在物体表面上指定位移的情况, 位移边界条件将成为

$$u|_s = u_0, \quad v|_s = v_0, \quad w|_s = w_0 \tag{3.18}$$

其中 $u_0, v_0, w_0$ 是在表面上给定的在 $x, y, z$ 轴向的位移分量, 上式称为位移边界条件.

在弹性力学问题中, 所求得的变形状态要满足 15 个方程, 即式 (3.3)、(3.4) 和 (3.10) 以及边界条件 (3.17) 及 (3.18), 此解答将是唯一的. 在这些方程中共有 15 个未知量: 3 个位移分量, 6 个应力分量及 6 个应变分量, 而方程正好是 15 个.

边界条件 (3.17) 也可通过应力应变关系用位移分量来表示. 弹性力学的边值问题按边界条件的给定情况可分为三类.

(1) 应力边界: 作用于物体内部的体力及它的表面力已知;

(2) 位移边界: 作用于物体内部的体力及它表面上各点的位移已知;

(3) 混合边界: 部分表面力已知, 部分表面位移已知.

求解一个弹性力学问题时, 通常有三条途径:

(1) 位移法: 以位移作为基本未知量, 物体内每点处有 3 个未知量:

$$u(x, y, z), v(x, y, z), w(x, y, z) \tag{3.19}$$

(2) 应力法: 以应力分量作为基本未知量, 物体内每点有 6 个未知量:

$$\begin{cases} \sigma_x(x, y, z), & \sigma_y(x, y, z), & \sigma_z(x, y, z) \\ \tau_{yz}(x, y, z), & \tau_{xz}(x, y, z), & \tau_{xy}(x, y, z) \end{cases} \tag{3.20}$$

(3) 混合求解法: 以各点的位移分量和各点的一部分应力分量作为基本未知量.

## 3.2  基 本 解 法

### 3.2.1  按位移求解空间问题

为获得位移解, 式 (3.3) 中的应力分量需采用位移分量表示. 首先, 将几何方程代入物理方程, 可用位移分量表示物理方程如下:

$$\sigma_x = \frac{E}{1+\nu}\left(\frac{\nu}{1-2\nu}\Theta + \frac{\partial u}{\partial x}\right) = \lambda\Theta + 2G\frac{\partial u}{\partial x}$$

$$\sigma_y = \frac{E}{1+\nu}\left(\frac{\nu}{1-2\nu}\Theta + \frac{\partial v}{\partial y}\right) = \lambda\Theta + 2G\frac{\partial v}{\partial y}$$

$$\sigma_z = \frac{E}{1+\nu}\left(\frac{\nu}{1-2\nu}\Theta + \frac{\partial w}{\partial z}\right) = \lambda\Theta + 2G\frac{\partial w}{\partial z}$$

$$\tau_{xy} = G\gamma_{xy} = G\left(\frac{\partial v}{\partial x} + \frac{\partial u}{\partial y}\right)$$

$$\tau_{yz} = G\gamma_{yz} = G\left(\frac{\partial w}{\partial y} + \frac{\partial v}{\partial z}\right)$$

$$\tau_{zx} = G\gamma_{zx} = G\left(\frac{\partial w}{\partial x} + \frac{\partial u}{\partial z}\right) \tag{3.21}$$

式中, $\lambda = \dfrac{2G\nu}{1 - 2\nu}$. 然后将上式中的 $\sigma_x, \tau_{yx}, \tau_{zx}$ 代入平衡方程 (3.3) 中的第一式, 得

$$\lambda\frac{\partial \Theta}{\partial x} + G\left[\left(\frac{\partial^2 u}{\partial x^2} + \frac{\partial^2 u}{\partial y^2} + \frac{\partial^2 u}{\partial z^2}\right) + \frac{\partial}{\partial x}\left(\frac{\partial u}{\partial x} + \frac{\partial v}{\partial y} + \frac{\partial w}{\partial z}\right)\right] + F_x = 0$$

引入拉普拉斯算子 $\nabla^2 = \dfrac{\partial^2}{\partial x^2} + \dfrac{\partial^2}{\partial y^2} + \dfrac{\partial^2}{\partial z^2}$ 和体积应变 $\Theta = \varepsilon_x + \varepsilon_y + \varepsilon_z$, 上式变为

$$(\lambda + G)\frac{\partial \Theta}{\partial x} + G\nabla^2 u + F_x = 0 \tag{3.22a}$$

考虑其他两个坐标轴方向的平衡后, 可得

$$(\lambda + G)\frac{\partial \Theta}{\partial y} + G\nabla^2 v + F_y = 0$$

$$\tag{3.22b}$$

$$(\lambda + G)\frac{\partial \Theta}{\partial z} + G\nabla^2 w + F_z = 0$$

方程 (3.22) 常被称为拉梅方程, 其综合了弹性力学问题的静力学、几何学和物理学三方面的等式, 是按位移求解空间问题的基本微分方程.

将式 (3.21) 代入到应力边界条件可获得用位移分量表示的应力边界方程, 即

$$\bar{F}_x = \left(\lambda\Theta + 2G\frac{\partial u}{\partial x}\right)l_1 + G\left(\frac{\partial v}{\partial x} + \frac{\partial u}{\partial y}\right)l_2 + G\left(\frac{\partial w}{\partial x} + \frac{\partial u}{\partial z}\right)l_3$$

$$\bar{F}_y = \left(\lambda\Theta + 2G\frac{\partial v}{\partial y}\right)l_2 + G\left(\frac{\partial w}{\partial y} + \frac{\partial v}{\partial z}\right)l_3 + G\left(\frac{\partial u}{\partial y} + \frac{\partial v}{\partial x}\right)l_1 \tag{3.23}$$

$$\bar{F}_z = \left(\lambda\Theta + 2G\frac{\partial w}{\partial z}\right)l_3 + G\left(\frac{\partial u}{\partial z} + \frac{\partial w}{\partial x}\right)l_1 + G\left(\frac{\partial v}{\partial z} + \frac{\partial w}{\partial y}\right)l_2$$

位移法可归结为求解给定边界条件下的拉梅方程, 获得位移分量后, 可通过几何方程 (3.4) 和用位移表示物理方程 (3.21) 求应变分量和应力分量.

### 3.2.2 按应力求解空间问题

为了先求应力, 须将 15 个方程进行综合, 消去位移和应变, 得到只含 6 个应力分量的方程.

在 3.1 节中已将几何方程消去位移变为变形协调方程式 (3.9), 这里进一步推导, 先将物理方程式 (3.10) 代入式 (3.9), 就可消去应变分量, 然后利用平衡方程式

(3.3) 化简, 最后得到 6 个只含应力分量的变形协调方程, 即

$$\nabla^2 \sigma_x + \frac{1}{1+\nu}\frac{\partial^2 I}{\partial x^2} = -\frac{\nu}{1-\nu}\left(\frac{\partial F_x}{\partial x} + \frac{\partial F_y}{\partial y} + \frac{\partial F_z}{\partial z}\right) - 2\frac{\partial F_x}{\partial x}$$

$$\nabla^2 \sigma_y + \frac{1}{1+\nu}\frac{\partial^2 I}{\partial y^2} = -\frac{\nu}{1-\nu}\left(\frac{\partial F_x}{\partial x} + \frac{\partial F_y}{\partial y} + \frac{\partial F_z}{\partial z}\right) - 2\frac{\partial F_y}{\partial y}$$

$$\nabla^2 \sigma_z + \frac{1}{1+\nu}\frac{\partial^2 I}{\partial z^2} = -\frac{\nu}{1-\nu}\left(\frac{\partial F_x}{\partial x} + \frac{\partial F_y}{\partial y} + \frac{\partial F_z}{\partial z}\right) - 2\frac{\partial F_z}{\partial z}$$

$$\nabla^2 \tau_{xy} + \frac{1}{1+\nu}\frac{\partial^2 I}{\partial x \partial y} = -\left(\frac{\partial F_x}{\partial x} + \frac{\partial F_y}{\partial y}\right) \tag{3.24}$$

$$\nabla^2 \tau_{yz} + \frac{1}{1+\nu}\frac{\partial^2 I}{\partial y \partial z} = -\left(\frac{\partial F_y}{\partial y} + \frac{\partial F_z}{\partial z}\right)$$

$$\nabla^2 \tau_{zx} + \frac{1}{1+\nu}\frac{\partial^2 I}{\partial z \partial x} = -\left(\frac{\partial F_z}{\partial z} + \frac{\partial F_x}{\partial x}\right)$$

式中, $I = \sigma_x + \sigma_y + \sigma_z$, $\nabla^2 = \dfrac{\partial^2}{\partial x^2} + \dfrac{\partial^2}{\partial y^2} + \dfrac{\partial^2}{\partial z^2}$. 方程式 (3.24) 称为应力普遍方程, 即可由它来求任何弹性力学问题的 6 个应力分量. 这些应力分量当然还要满足平衡方程式 (3.3) 及边界条件式 (3.17) 和式 (3.18).

应力普遍方程在不计体力时或体力为常量时变得相当简单, 等号右边全为零.

在不计体力时, 应力普遍方程的一般解答可以用一些三元函数来表示. 这些可以把应力分量表示出来的函数被称为应力函数. 例如, 设 3 个应力函数为 $\varphi_1(x, y, z)$, $\varphi_2(x, y, z)$ 和 $\varphi_3(x, y, z)$ 可以表示的 6 个应力分量为

$$\begin{cases} \sigma_x = \dfrac{\partial^2 \varphi_3}{\partial y^2} + \dfrac{\partial^2 \varphi_2}{\partial z^2}, \\[2mm] \sigma_y = \dfrac{\partial^2 \varphi_1}{\partial z^2} + \dfrac{\partial^2 \varphi_3}{\partial x^2}, \\[2mm] \sigma_z = \dfrac{\partial^2 \varphi_2}{\partial x^2} + \dfrac{\partial^2 \varphi_1}{\partial y^2}, \end{cases} \qquad \begin{cases} \tau_{xy} = -\dfrac{\partial^2 \varphi_3}{\partial x \partial y} \\[2mm] \tau_{yz} = -\dfrac{\partial^2 \varphi_1}{\partial y \partial z} \\[2mm] \tau_{zx} = -\dfrac{\partial^2 \varphi_2}{\partial z \partial x} \end{cases} \tag{3.25}$$

或者设三个应力函数为 $\psi_1(x, y, z)$, $\psi_2(x, y, z)$ 和 $\psi_3(x, y, z)$, 可以表示的 6 个应力分量为

$$\begin{cases} \sigma_x = \dfrac{\partial^2 \psi_1}{\partial y \partial z}, \\[2mm] \sigma_y = \dfrac{\partial^2 \psi_2}{\partial z \partial x}, \\[2mm] \sigma_z = \dfrac{\partial^2 \psi_3}{\partial x \partial y}, \end{cases} \qquad \begin{cases} \tau_{xy} = -\dfrac{1}{2}\dfrac{\partial}{\partial z}\left(\dfrac{\partial \psi_1}{\partial x} + \dfrac{\partial \psi_2}{\partial y} - \dfrac{\partial \psi_3}{\partial z}\right) \\[2mm] \tau_{yz} = -\dfrac{1}{2}\dfrac{\partial}{\partial x}\left(-\dfrac{\partial \psi_1}{\partial x} + \dfrac{\partial \psi_2}{\partial y} + \dfrac{\partial \psi_3}{\partial z}\right) \\[2mm] \tau_{xz} = -\dfrac{1}{2}\dfrac{\partial}{\partial y}\left(\dfrac{\partial \psi_1}{\partial x} - \dfrac{\partial \psi_2}{\partial y} + \dfrac{\partial \psi_3}{\partial z}\right) \end{cases} \tag{3.26}$$

在式 (3.25) 和式 (3.26) 中, 应力函数 $\varphi_1, \varphi_2, \varphi_3$ 和 $\psi_1, \psi_2, \psi_3$ 都是重调和函数, 即有 $\nabla^4\varphi_i = 0, \nabla^4\psi_i = 0$ 成立.

### 3.2.3 圣维南原理

在图 3.3 所示的长矩形杆件中, 其右端面受着不同的面力分布, 但各力系的主矢, 主矩是相同的. 那么, 内力 $\sigma_x$ 怎样分布? 事实证明, 在离开端部较远处应力分布是相同的均布应力, 而离端部较近处则有显著差别.

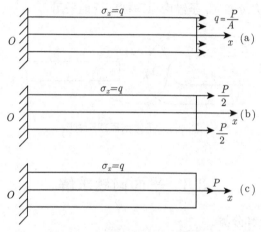

图 3.3 圣维南原理示意图

这个例子反映的是一个普遍现象, 由圣维南首先总结出来, 称为圣维南原理. 可以这样表述: 作用在弹性体小部分边界上的静力等效的不同力系, 引起弹性体内应力分布的差别, 在该力系作用近处明显不同, 远处可以忽略不计. 由此可以推论, 一个平衡力系作用在弹性体小部分边界上, 只会引起该处局部应力, 远处不会产生应力. 这也可称为平衡力系的圣维南原理.

圣维南原理描述的是弹性体局部荷载变化对应力分布影响也是局部的, 故称为局部影响原理. 该原理没有统一的数学表达式和严格的证明, 使许多力学工作者致力于这项研究而效果甚微, 但其正确性是无数事实证明了的. 因此, 尽可放心应用, 但需注意其应用条件, 一是力系必须 "静力等效", 二是 "远离" 力系作用处.

用钳子夹截一直杆的例子是阐明圣维南原理的一个生动例子 (图 3.4). 当杆在 $A$ 处受钳夹紧时, 就等于在直杆的 $A$ 处加了一对平衡力系, 无论作用的力多么大, 甚至大到可以把这杆夹断, 在虚线圈着的一个小区域 $A$ 以外的区域几乎没有应力产生. 研究表明, 力的影响区的大小, 大致与面力作用区的大小相当.

在求解弹性力学问题时, 使应力分量、应变分量、位移分量完全满足基本方程并不困难, 但是要使得边界条件也得到完全满足, 却往往发生很大的困难 (因此, 弹性力学问题在数学上被称为边值问题). 有了圣维南原理, 这就意味着可以把边界条件的限制放宽. 这样做的结果, 就使得在数学上的处理可以大为简化, 使问题的求解成为可能, 并且其影响则仅仅局限于外力作用区域的局部范围, 对离开外力作用区域较远地方的应力分布规律则无明显影响. 另外, 在许多实际问题中, 要精确知道边界力的真实分布情况是很困难的, 但与它们静力等效的力系却容易确定, 用静力等效力系代替其真实分布力系求解, 根据圣维南原理, 在远离外力作用区域的地方, 其解答同真实解答应该不会有大的差别, 所以当我们所关心的不是外力作用点附近局部区域的应力分布时, 圣维南原理被广泛地采用.

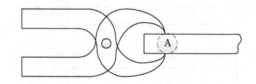

图 3.4　圣维南原理示意图

## 3.3　平面问题求解

### 3.3.1　平面问题及其分类

任何一个弹性体都是空间物体, 所受的外力一般也是空间力系, 因此, 严格地说, 任何一个弹性力学问题都是空间问题, 但是当弹性体具有某种特殊的形状, 并且受到的外力具有某一特定的分布规律时, 这时的空间问题可化为平面问题处理, 也就是说, 弹性体内发生的应力、应变和位移可以在一个平面内来研究.

#### 1. 平面应力问题

设所考虑的物体为很薄的等厚平板, 载荷只作用在板边, 平行于板面, 并沿板厚均匀分布, 所受体力也平行于板面, 不沿厚度变化 (图 3.5).

以薄板的中面为 $xy$ 面, 以垂直于中面的任一直线为 $z$ 轴, 因为板面上 ($z = \pm t/2$ 处) 不受力, 所以有

$$(\sigma_z)_{z=\pm t/2} = (\tau_{zx})_{z=\pm t/2} = (\tau_{zy})_{z=\pm t/2} = 0$$

由于板很薄, 外力又不沿厚度变化, 所以从前表面到后表面板内的应力不会有显著变化, 可以近似地认为应力沿着板的厚度不发生变化, 与 $z$ 坐标无关, 所以, 可以认为在整个薄板内部到处都有

$$\sigma_z = \tau_{xz} = \tau_{zy} = 0$$

于是就只剩下平行于 $xOy$ 面的三个应力分量 $\sigma_x, \sigma_y, \tau_{xy}$, 所以, 这样的问题称为平面应力问题. 同时, 由于板很薄, 这三个应力分量也可以认为不沿厚度变化, 即这三个应力分量只是 $x, y$ 的函数, 而与坐标 $z$ 无关. 式 (3.24) 应用于平面应力问题时简化为如下形式 (只考虑 $xOy$ 平面内的变形协调条件)

$$\nabla^2 \left(\sigma_x + \sigma_y\right) = -\left(1+\nu\right)\left(\frac{\partial F_x}{\partial x} + \frac{\partial F_y}{\partial y}\right) \tag{3.27}$$

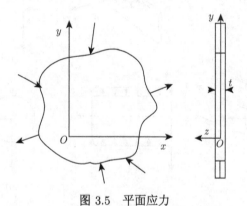

图 3.5 平面应力

由于薄板的前后两个自由表面不受任何约束, 所以薄板沿 $z$ 轴方向的变形不受限制, 故

$$\varepsilon_z \neq 0$$

即薄板可随着外力的作用变厚或者变薄.

因此, 在平面应力状态下, 沿着垂直于板平面的方向, 没有应力但可能有应变.

2. 平面应变问题

设所考虑的物体为等截面柱体, 它的两个端面被夹持在两个固定的光滑刚性平面之间 (图 3.6(a)), 柱面受到平行于横截面并且不沿长度变化的面力作用, 同时, 体力也平行于横截面不沿长度变化.

由于柱体两端面的约束是光滑的, 又是固定的, 所以柱体两端面上各点只可沿 $x, y$ 方向移动不能沿 $z$ 方向发生位移, 即在两端面上各点没有轴向位移. 由于柱体形状和所受载荷的对称性可知, 中间截面也不会有轴向位移. 继续由对称性可得两端截面同中间截面之间的中截面也无轴向位移, 进而可以推得每个横截面上各点都不会有轴向位移. 即处处有 $w(z) = 0$.

如所考虑的柱体不是夹持在两个固定光滑刚性平面之间的有限长柱体, 而为无限长的柱体 (图 3.6(b) 和 (c)), 假如柱体所受面力和体力的分布规律与上面相同.

在这一情况下, 同样由于对称性 (任一横截面都可以当成为对称面), 可知所有各点也都只会沿 $x$ 和 $y$ 方向移动. 面不会有 $z$ 方向的位移, 即 $w(z) = 0$.

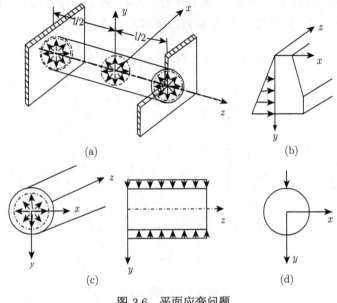

图 3.6    平面应变问题

以上两类情况, 由于柱体中所有的位移矢量都平行 $xOy$ 平面, 且位移分量 $u, v$ 只是坐标 $y, x$ 的函数, 用解析式表示为

$$u = u(x, y), \quad v = v(x, y), \quad w = 0$$

所以这类问题称为平面位移问题. 由于在平面位移的情况下应变分量, $\varepsilon_z = 0$, 所以又把这类问题称为平面应变问题. 式 (3.24) 应用于平面应变问题时简化为如下形式 (只考虑 $xOy$ 平面内的变形协调条件):

$$\nabla^2 (\sigma_x + \sigma_y) = -\frac{1}{(1-\nu)} \left( \frac{\partial F_x}{\partial x} + \frac{\partial F_y}{\partial y} \right) \tag{3.28}$$

同样由柱体形状和载荷的对称性, 可知应力对任意一个平行于 $xy$ 面的横截面都应是对称的, 故应有 $\tau_{zx}, \tau_{zy}$ 等于零.

在平面应变状态下, 虽然沿着轴线方向没有应变, 但可能有轴向应力 $\sigma_z$, 这是来自阻止柱体沿轴线方向伸长或缩短的力, 由广义胡克定律是很容易得到这个结论的.

很多沿长度方向的尺寸远大于两个横向尺寸的实际问题, 如长辗辊轴 (图 3.6(d)), 滚柱轴承的滚柱, 受内压力的圆管, 挡土墙等问题, 都是很接近于平面应变的问题.

虽然这些结构不是无限长, 两端也不固定, 但实践证明, 对于离开两端面较远处, 按平面应变问题进行分析计算, 得出的结果都是工程上可用的.

平面应力问题和平面应变问题, 虽然是性质不同的两类问题, 但它们共同的特点是应力分量和应变分量都只是 $x, y$ 的函数, 与坐标 $z$ 无关, 故统称为平面问题.

### 3.3.2 应力函数、逆解法、半逆解法

在很多的工程问题中, 体力是常量, 即体力分量 $F_x$ 和 $F_y$ 不随坐标 $x$ 和 $y$ 而变. 例如, 重力和常加速度下平行移动时的惯性力, 就是常量的体力. 在常体力的情况下, 相容方程 (3.27) 和 (3.28) 的右边都成为零, 简化为如下形式

$$\nabla^2(\sigma_x + \sigma_y) = 0 \tag{3.29}$$

注意, 在体力为常量的情况下, 平衡微分方程 (3.3)、相容方程 (3.27)、(3.28) 和应力边界条件 (3.17) 中都不包含弹性常数, 从而对于两种平面问题都是相同的.

因此, 当体力为常量时, 在单连体的应力边界问题中, 如果两个弹性体具有相同的边界形状, 并受到同样分布的外力, 那么, 就不管这两个弹性体的材料是否相同, 也不管它们是在平面应力情况下或是在平面应变情况下, 应力分量的分布是相同的 (两种平面问题中的应变分量, 以及位移, 却不一定相同).

根据上述结论, 针对某种材料的物体而求出的应力分量 $\sigma_x, \sigma_y, \tau_{xy}$, 也适用于具有同样边界并受有同样外力的其他材料的物体; 针对平面应力问题而求出的这些应力分量, 也适用于边界相同、外力相同的平面应变情况下的物体. 这对于弹性力学解答在工程上的应用, 提供了极大的方便.

另一方而, 根据上述结论, 在用实验方法量测结构或构件的上述应力分量时, 可以用便于量测的材料来制造模型, 以代替原来不便于量测的结构或构件材料; 还可以用平面应力情况下的薄板模型, 来代替平面应变情况下的长柱形的结构或构件. 这对于实验应力分析, 也提供了极大的方便.

由以上的讨论可见, 在体力为常量的情况下, 按应力求解应力边界问题时, 应力分量 $\sigma_x, \sigma_y, \tau_{xy}$ 应当满足平衡微分方程

$$\frac{\partial \sigma_x}{\partial x} + \frac{\partial \tau_{xy}}{\partial y} + F_x = 0$$
$$\frac{\partial \sigma_y}{\partial y} + \frac{\partial \tau_{xy}}{\partial x} + F_y = 0 \tag{3.30a}$$

和相容方程

$$\left( \frac{\partial^2}{\partial x^2} + \frac{\partial^2}{\partial y^2} \right)(\sigma_x + \sigma_y) = 0 \tag{3.30b}$$

并在边界上满足应力边界条件 (3.17), 对于多连体, 还需考虑位移单值条件.

首先来考察平衡微分方程 (3.30a). 这是一个非齐次微分方程组, 它的解答包含两部分, 即它的任意一个特解及下列齐次微分方程的通解:

$$\left.\begin{array}{l} \dfrac{\partial \sigma_x}{\partial x} + \dfrac{\partial \tau_{xy}}{\partial y} = 0 \\[3mm] \dfrac{\partial \sigma_y}{\partial y} + \dfrac{\partial \tau_{xy}}{\partial x} = 0 \end{array}\right\} \tag{3.30c}$$

特解可以取为

$$\sigma_x = -F_x \cdot x, \quad \sigma_y = -F_y \cdot y, \quad \tau_{xy} = 0 \tag{3.30d}$$

也可以取为

$$\sigma_x = 0, \quad \sigma_y = 0, \quad \tau_{xy} = -F_x \cdot y - F_y \cdot x$$

以及

$$\sigma_x = -F_x \cdot x - F_y \cdot y, \quad \sigma_y = -F_x \cdot x - F_y \cdot y, \quad \tau_{xy} = 0$$

等等的形式, 因为它们都能满足微分方程 (3.30a).

下面来研究齐次方程 (3.30c) 的通解. 根据微分方程理论, 偏导数具有相容性. 若设函数 $f = f(x, y)$, 则有

$$\frac{\partial}{\partial x}\left(\frac{\partial f}{\partial y}\right) = \frac{\partial}{\partial y}\left(\frac{\partial f}{\partial x}\right) \tag{3.30e}$$

假如函数 $C$ 和 $D$ 满足下列关系式

$$\frac{\partial}{\partial x}(C) = \frac{\partial}{\partial y}(D)$$

那么, 对照上式, 一定存在某一函数 $f$, 使得

$$C = \frac{\partial f}{\partial y}, \quad D = \frac{\partial f}{\partial x}$$

为了求得齐次微分方程 (3.30c) 的通解, 将其中前一个方程改写为

$$\frac{\partial \sigma_x}{\partial x} = \frac{\partial}{\partial y}(-\tau_{xy}) \tag{3.30f}$$

可见一定存在一个函数 $A(x, y)$, 使得

$$\sigma_x = \frac{\partial A}{\partial y}, \quad -\tau_{xy} = \frac{\partial A}{\partial x}$$

同样, 将式 (3.30c) 中的后一个方程改写为

$$\frac{\partial \sigma_y}{\partial y} = \frac{\partial}{\partial x}(-\tau_{xy})$$

可见也一定存在某一个函数 $B(x, y)$, 使得

$$\sigma_y = \frac{\partial B}{\partial x} \tag{3.30g}$$

$$-\tau_{xy} = \frac{\partial B}{\partial y} \tag{3.30h}$$

由式 (3.30f) 及式 (3.30h) 得

$$\frac{\partial A}{\partial x} = \frac{\partial B}{\partial y}$$

因而又一定存在某一个函数 $\Phi(x, y)$, 使得

$$A = \frac{\partial \Phi}{\partial y} \tag{3.30i}$$

$$B = \frac{\partial \Phi}{\partial x} \tag{3.30j}$$

将式 (3.30i) 代入式 (3.30e), 式 (3.30j) 代入式 (3.30g), 并将式 (3.30i) 代入式 (3.30f), 即得通解

$$\sigma_x = \frac{\partial^2 \Phi}{\partial y^2}, \quad \sigma_y = \frac{\partial^2 \Phi}{\partial x^2}, \quad \tau_{xy} = -\frac{\partial^2 \Phi}{\partial x \partial y} \tag{3.30k}$$

将通解 (3.30k) 与任一组特解叠加, 如与特解 (3.30d) 叠加, 即得平衡微分方程 (3.30a) 的全解:

$$\sigma_x = \frac{\partial^2 \Phi}{\partial y^2} - F_x x, \quad \sigma_y = \frac{\partial^2 \Phi}{\partial x^2} - F_y y, \quad \tau_{xy} = -\frac{\partial^2 \Phi}{\partial x \partial y} \tag{3.31}$$

$\Phi$ 称为平面问题的应力函数, 又称为艾里应力函数. 由于式 (3.29) 是从平衡微分方程导出的解答, 所以必然满足该方程. 同时, 推导解答 (3.29) 的过程, 也就证明了应力函数 $\Phi$ 的存在性. 还应指出的是, 虽然 $\Phi$ 还是一个待定的未知函数, 但是, 用 $\Phi$ 表示 3 个应力分量 $\sigma_x$, $\sigma_y$, $\tau_{xy}$ 后, 使得平面问题的求解得到很大的简化: 待求的未知函数从 3 个变换为 1 个, 并从求解应力分量 $\sigma_x$, $\sigma_y$, $\tau_{xy}$ 变换为求解应力函数 $\Phi$.

为了求解应力函数 $\Phi$, 下面来分析应力函数应满足的条件. 由于式 (3.31) 所表示的应力分量应该满足相容方程 (3.29), 将式 (3.31) 代入式 (3.29), 得到

$$\left( \frac{\partial^2}{\partial x^2} + \frac{\partial^2}{\partial y^2} \right) \left( \frac{\partial^2 \Phi}{\partial y^2} - F_x x + \frac{\partial^2 \Phi}{\partial x^2} - F_y y \right) = 0$$

注意 $F_x, F_y$ 为常量, 于是上式简化为

$$\left( \frac{\partial^2}{\partial x^2} + \frac{\partial^2}{\partial y^2} \right) \left( \frac{\partial^2 \Phi}{\partial x^2} + \frac{\partial^2 \Phi}{\partial y^2} \right) = 0$$

或者展开而成为

$$\frac{\partial^4 \Phi}{\partial x^4} + 2\frac{\partial^4 \Phi}{\partial x^2 \partial y^2} + \frac{\partial^4 \Phi}{\partial y^4} = \nabla^4 \Phi = 0 \qquad (3.32)$$

这就是应力函数表示的相容方程. 由此可见, 应力函数应当满足重调和方程, 也就是说, 它应当是重调和函数.

此外, 将式 (3.31) 代入应力边界条件 (3.17), 则应力边界条件也可以用应力函数 $\Phi$ 表示.

综上所述, 在常体力的情况下, 弹性力学平面问题中存在着一个应力函数 $\Phi$. 按应力求解平面问题, 可以归纳为求解一个应力函数 $\Phi$, 它必须满足在区域内的相容方程 (3.32), 在边界上的应力边界条件 (3.17)(假设全部都为应力边界条件); 在多连体中, 还需满足位移单值条件. 从上述条件求解出应力函数 $\Phi$ 后, 便可以由式 (3.31) 求出应力分量, 然后再求出应变分量和位移分量.

由于相容方程 (3.29) 是偏微分方程, 它的通解不能写成有限项数的形式, 因此, 我们一般都不能直接求解问题, 而只能采用逆解法或半逆解法.

所谓**逆解法**, 就是先设定各种形式的、满足相容方程 (3.29) 的应力函数 $\Phi$; 并由式 (3.31) 求得应力分量; 然后再根据应力边界条件 (3.17) 和弹性体的边界形状, 看这些应力分量对应于边界上什么样的面力, 从而得知所选取的应力函数可以解决的问题.

所谓**半逆解法**, 就是针对所要求解的问题, 根据弹性体的边界形状和受力情况, 假设部分或全部应力分量的函数形式; 并从而推出应力函数的形式; 然后代入相容方程, 求出应力函数的具体表达式; 再按式 (3.31) 由应力函数求得应力分量; 并考察这些应力分量能否满足全部应力边界条件 (对于多连体, 还需满足位移单值条件). 如果所有条件都能满足, 自然得出的就是正确解答. 如果某方面的条件不能满足, 就要另作假设, 重新进行求解.

### 3.3.3   求解算例

**例 3.1**   悬臂梁的弯曲问题.

本节求解如图 3.7 所示的一悬臂梁, 设梁的截面为矩形, 其宽度为 1, 在悬臂梁的自由端面上, 作用一合力 $P$(不计体力). 显然, 这是一个平面应力问题, 要想利用多项式应力函数解决问题, 首先应确定应力函数. 由材料力学可知, 此梁任一截面上的弯矩与截面的位置 $x$ 成正比, 而该截面上任何点的应力与 $y$ 成正比. 因此可以假设

$$\sigma_x = Axy$$

其中 $A$ 为待定系数. 对上式进行两次积分得

$$\Phi(x,y) = \frac{A}{6}xy^3 + yf_1(x) + f_2(x) \qquad (3.33)$$

式中 $f_1(x), f_2(x)$ 为待定函数, 可由相容方程确定. 于是将式 (3.33) 代入双调和方程 (3.29) 得

$$y\frac{\mathrm{d}^4 f_1(x)}{\mathrm{d}x^4} + \frac{\mathrm{d}^4 f_2(x)}{\mathrm{d}x^4} = 0$$

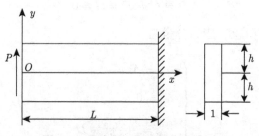

图 3.7 悬臂梁杆端受集中力模型

由于 $f_1(x)$ 及 $f_2(x)$ 只是 $x$ 的函数, 上式的第二项与 $y$ 无关, 在梁的范围内不论 $x$ 和 $y$ 为任何值, 要使上式得以满足, 唯一的可能是

$$\frac{\mathrm{d}^4 f_1(x)}{\mathrm{d}x^4} = 0, \quad \frac{\mathrm{d}^4 f_2(x)}{\mathrm{d}x^4} = 0$$

对上式进行积分, 得

$$\begin{cases} f_1(x) = Bx^3 + Cx^2 + Dx + E \\ f_2(x) = Fx^3 + Gx^2 + Hx + K \end{cases} \tag{3.34}$$

式中 $B$, $C$, $D$, $E$, $F$, $G$, $H$, $K$ 是积分常数.

若将式 (3.34) 代入式 (3.33), 得应力函数

$$\Phi = \frac{A}{6}xy^3 + y(Bx^3 + Cx^2 + Dx + E) + Fx^3 + Gx^2 + Hx + K \tag{3.35}$$

这个应力函数是一个三次幂多项式. 注意到体积力为 0, 于是应力分量可由式 (3.31) 求得

$$\begin{cases} \sigma_x = \dfrac{\partial^2 \Phi}{\partial y^2} = Axy \\[2mm] \sigma_y = \dfrac{\partial^2 \Phi}{\partial x^2} = 6(By + F)x + 2(Cy + G) \\[2mm] \tau_{xy} = -\dfrac{\partial^2 \Phi}{\partial x \partial y} = -\dfrac{A}{2}y^2 - 3Bx^2 - 2Cx - D \end{cases} \tag{3.36}$$

边界条件要求在 $y = \pm h$ 时, $\sigma_y = 0$, 因此可得

$$\begin{cases} 6(Bh + F)x + 2(Ch + G) = 0 \\ 6(-Bh + F)x + 2(-Ch + G) = 0 \end{cases}$$

对于从 $0$ 到 $l$ 的所有 $x$ 值, 上列方程均应满足, 因此得

$$Bh + F = 0, \quad Ch + G = 0, \quad -Bh + F = 0, \quad -Ch + G = 0$$

解上列方程, 可得

$$B = C = F = G = 0$$

把上式代入式 (3.36), 应力分量为

$$\begin{cases} \sigma_x = Axy \\ \sigma_y = 0 \\ \tau_{xy} = -\dfrac{A}{2}y^2 - D \end{cases} \tag{3.37}$$

式中积分常数还可根据边界条件确定.

当 $y = \pm h$ 时, $\tau_{xy} = 0$, 由式 (3.37) 得

$$-\frac{A}{2}(h^2) - D = 0, \quad D = -A\frac{h^2}{2}$$

在 $x = l$ 的端面上, 剪力总值为 $P$, 其值显然是整个面上切应力的总和, 根据圣维南原理取积分

$$\int_{-h}^{h} \tau_{xy}\mathrm{d}y = \int_{-h}^{h} \frac{A}{2}(-y^2 + h^2)\mathrm{d}y = -P$$

因此得

$$A = -\frac{3}{2h^3}P = -\frac{P}{I_z}$$

式中 $I_z = \dfrac{1}{12} \times 1 \times (2h)^3 = \dfrac{2}{3}h^3$, 将所得系数 $A$ 及 $D$ 代入式 (3.37), 得应力分量为

$$\begin{cases} \sigma_x = -\dfrac{P}{I_z}xy \\ \sigma_y = 0 \\ \tau_{xy} = -\dfrac{P}{2I_z}(h^2 - y^2) \end{cases} \tag{3.38}$$

上述结果证明材料力学按平面假设所得的应力分量是正确的. 但 $P$ 必须按式 (3.38) 中的 $\tau_{xy}$ 所表示的方式分布于端面上. 如 $P$ 按另一种方式分布, 则应力 $\sigma_x$ 和 $\tau_{xy}$ 也将不同, 不过根据圣维南原理, 只对悬臂梁自由端面附近有影响, 在距自由端面稍远处, 应力会很快地按式 (3.38) 所示的规律分布.

**例 3.2** 悬臂梁自由端受集中力问题理论解与有限元数值解的对比分析.

若取例 3.1 中悬臂梁的长度为 20m, 宽度为 8m, 弹性模量为 $1 \times 10^{11}$Pa, 泊松比为 0.3, 边界条件为右端完全固定, 左端受一集中力 $P$ 为 8N. 计算采用 ABAQUS 有限元分析软件进行分析, 按平面应力问题考虑, 选用八节点等参单元, 其有限元网格剖分图如图 3.8 所示.

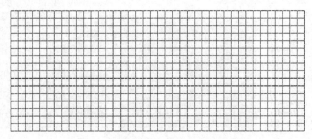

图 3.8  悬臂梁的有限元网格剖分图

计算时将集中力等效为均布剪切力, 根据圣维南原理, 只对悬臂梁自由端面附近有影响, 在距自由端面稍远处, 应力会很快地按式 (3.38) 所示的规律分布, 下面用有限元计算工具加以验证. 现将计算所得 $x = 10$m 横截面上的应力分量 $\sigma_x$ 和 $\tau_{xy}$ 分布图绘于图 3.9 和图 3.10, 并将整个结构上的应力分量 $\sigma_x$ 和 $\tau_{xy}$ 分布的云图如图 3.11 和图 3.12 所示.

从图 3.9 中 $x = 10$m 横截面上的应力分量 $\sigma_x$ 分布曲线可以看出, 在梁的上下侧的应力值最大, 而在中性轴上的大小为零. 从图 3.11 中应力分量 $\sigma_x$ 的应力云图可以看出, 在梁的上下侧的应力值最大, 而在中性轴上的大小为零, 在固定端的上下端存在应力集中现象. 从图 3.10 中 $x = 10$m 横截面上的应力分量 $\tau_{xy}$ 分布曲线可以看出, 在梁的上下侧的应力值为零, 而在中性轴上的切应力最大. 从图 3.12 中

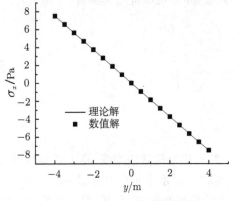

图 3.9  $\sigma_x$-$y$ 的应力曲线

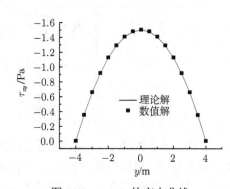

图 3.10  $\tau_{xy}$-$y$ 的应力曲线

应力分量 $\tau_{xy}$ 的应力云图可以看出, 在梁的上下侧的应力值从负值变为正值, 正好为零, 而在中性轴上的切应力最大, 且为负值, 说明其方向与假设的方向相反, 而在固定端的上下端存在应力集中现象. 从图 3.11 和图 3.12 的应力云图也可以看出圣维南原理的影响区大小, 并且可以看出对不同的应力分量, 其两端的影响区域也不同.

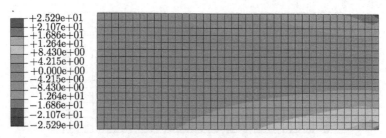

图 3.11　悬臂梁的 $\sigma_x$ 应力云图 (详见书后彩页)

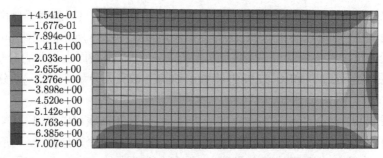

图 3.12　悬臂梁的 $\tau_{xy}$ 应力云图 (详见书后彩页)

**例 3.3**　受均布荷载悬臂梁弯曲问题的理论解与有限元数值解对比分析.

同例 3.2 的悬臂梁, 承受均布荷载, 坐标系亦同, 可以证明其解答 [3] 为

$$
\begin{cases}
\sigma_x = \dfrac{qx^2 y}{2I_z} - \dfrac{q}{2I_z}\left(\dfrac{2}{3}y^3 - \dfrac{h'^2}{10}y\right) \\[2mm]
\sigma_y = -\dfrac{q}{2}\left(1 + \dfrac{3y}{h'} - \dfrac{4y^3}{h'^3}\right) \\[2mm]
\tau_{xy} = \dfrac{q}{2I_z}\left(y^2 - \dfrac{h'^2}{4}\right)x
\end{cases}
$$

注意: 本公式中 $h'$ 为梁横截面的高度, 为 $q$ 均布荷载的集度. 将上式与材料力学结果相比较, 可以发现切应力与材料力学相同, 而水平正应力分量 $\sigma_x$ 增加了一个修正项, 且为曲线分布, 不再符合材料力学的平截面假设. 此外, 竖向正应力分量 (挤压应力) $\sigma_y \neq 0$, 也是与材料力学的区别.

下面将用有限元数值解法加以分析. 本算例旨在验证该弹性力学理论解的正确性, 考察对于深梁的弹性力学解答与材料力学解答的区别, 并观察本算例中圣维南原理所述的影响区.

计算时, 有限元网格和计算条件同上例, 其中均布荷载 $q= 1\mathrm{N/m}$, 并也采用八节点等参单元. 现将计算结果列于表 3.1~ 表 3.3.

**表 3.1** **悬臂梁在 $x=15\mathrm{m}$ 截面上的应力分布**(应力单位: Pa)

| 位置 $y/\mathrm{m}$ | 4 | 2 | 0 | −2 | −4 |
|---|---|---|---|---|---|
| 理论解 $\sigma_x$ | 10.35 | 5.36 | 0 | −5.36 | −10.35 |
| 理论解 $\sigma_y$ | −1.00 | −0.84 | −0.50 | −0.16 | 0 |
| 理论解 $\tau_{xy}$ | 0 | −2.11 | −2.81 | −2.11 | 0 |
| 数值解 $\sigma_x$ | 10.25 | 5.39 | 0.03 | −5.37 | −10.36 |
| 数值解 $\sigma_y$ | −1.00 | −0.85 | −0.50 | −0.15 | 0.00 |
| 数值解 $\tau_{xy}$ | 0.01 | 2.10 | 2.83 | 2.13 | 0.01 |

**表 3.2** **悬臂梁在 $x = 10\mathrm{m}$ 截面上的应力分布**(应力单位: Pa)

| 位置 $y/\mathrm{m}$ | 4 | 2 | 0 | −2 | −4 |
|---|---|---|---|---|---|
| 理论解 $\sigma_x$ | 4.49 | 2.43 | 0 | −2.43 | −4.49 |
| 理论解 $\sigma_y$ | −1.00 | −0.84 | −0.50 | −0.16 | 0 |
| 理论解 $\tau_{xy}$ | 0 | −1.41 | −1.88 | −1.41 | 0 |
| 数值解 $\sigma_x$ | 4.49 | 2.43 | 0.00 | −2.43 | −4.49 |
| 数值解 $\sigma_y$ | −1.00 | −0.85 | −0.50 | −0.16 | 0.00 |
| 数值解 $\tau_{xy}$ | 0.01 | 1.41 | 1.88 | 1.42 | 0.01 |

**表 3.3** **悬臂梁在 $x = 5\mathrm{m}$ 截面上的应力分布**(应力单位: Pa)

| 位置 $y/\mathrm{m}$ | 4 | 2 | 0 | −2 | −4 |
|---|---|---|---|---|---|
| 理论解 $\sigma_x$ | 0.97 | 0.67 | 0 | −0.67 | −0.97 |
| 理论解 $\sigma_y$ | −1.0 | −0.84 | −0.50 | −0.16 | 0 |
| 理论解 $\tau_{xy}$ | 0 | −0.70 | −0.94 | −0.70 | 0 |
| 数值解 $\sigma_x$ | 0.97 | 0.67 | 0.00 | −0.67 | −0.97 |
| 数值解 $\sigma_y$ | −1.00 | −0.84 | −0.50 | −0.16 | 0.00 |
| 数值解 $\tau_{xy}$ | 0.00 | 0.71 | 0.94 | 0.71 | 0.00 |

从数值分析结果可以看出, 数值解与理论解相吻合, 从而验证了理论解的正确性. 同时, 还可以看出, 对于深梁 $\sigma_y \neq 0$. 从表 3.1 可以看出, 在固定端附近的数值解与理论解偏差较大. 从表 3.2~ 表 3.3 可以看出, 在远离一倍梁高的区域的数值解与理论解吻合较好, 也说明理论公式的适用范围.

应该指出的是, 本算例采用的节点应力是大型有限元软件利用插值方法计算的, 有一些误差, 结果仅保留到小数点后两位. 若想得到更高精度的应力结果, 可直截取单元积分点的应力值, 或加密网格计算.

**例 3.4**    楔形体受自重和水压力的解.

设有楔形体, 如图 3.13(a) 所示, 左面铅直, 右面与铅直面成角 $\alpha$, 下端作为无限长, 承受重力及液体压力, 楔形体的密度为 $\rho_1$, 液体的密度为 $\rho_2$, 试求应力分量.

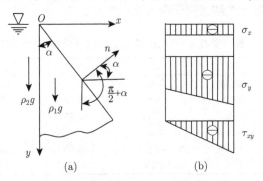

图 3.13    楔形体受水压模型

采用半逆解法. 首先应用量纲分析方法来假设应力分量的函数形式. 取坐标轴如图 3.13(a) 所示. 在楔形体的任意一点, 每一个应力分量都将由两部分组成: 一部分由重力引起, 应当与 $\rho_1 g$ 成正比 ($g$ 是重力加速度); 第二部分由液体压力引起, 应当与 $\rho_2 g$ 成正比. 此外, 每一部分还与 $\alpha, x, y$ 有关. 由于应力的量纲是 $L^{-1}MT^{-2}$, $\rho_1 g$ 和 $\rho_2 g$ 的量纲是 $L^{-2}MT^{-2}$. $\alpha$ 是量纲一的量, 而 $x$ 和 $y$ 的量纲是 $L$, 因此, 如果应力分量具有多项式的解答, 那么, 它们的表达式只可能是 $A\rho_1 gx$, $B\rho_1 gy, C\rho_2 gx, D\rho_2 gy$ 四种项的组合, 而其中的 $A,B,C,D$ 是量纲一的量, 只与 $\alpha$ 有关. 这就是说, 各应力分量的表达式只可能是 $x$ 和 $y$ 的纯一次式.

其次, 由应力函数与应力分量可知应力函数比应力分量的长度量纲高二次, 应该是 $x$ 和 $y$ 的纯三次式. 因此, 假设

$$\Phi = ax^3 + bx^2 y + cxy^2 + dy^3$$

不论上式中的系数取何值, 纯三次式的应力函数总能满足相容方程 (3.29). 并且, 注意到体力分量 $F_x = 0$ 而 $F_y = \rho_1 g$, 于是由式 (3.31) 得应力分量的表达式

$$\sigma_x = \frac{\partial^2 \Phi}{\partial y^2} - F_x x = 2cx + 6dy$$

$$\sigma_y = \frac{\partial^2 \Phi}{\partial x^2} - F_y y = 6ax + 2by - \rho_1 gy \tag{3.39}$$

$$\tau_{xy} = -\frac{\partial^2 \Phi}{\partial x \partial y} = -2bx - 2cy$$

这些应力分量自然是满足平衡微分方程和相容方程的, 现在来考察如果适当选择各个系数是否也能满足应力边界条件.

在左面 $(x = 0)$, 应力边界条件是

$$(\sigma_x)_{x=0} = -\rho_2 gy, \quad (\tau_{xy})_{x=0} = 0$$

将式 (3.39) 代入, 得

$$6dy = -\rho_2 gy, \quad -2cy = 0$$

要求 $d = -\dfrac{\rho_2 g}{6}, c = 0$, 而式 (3.39) 成为

$$\sigma_x = -\rho_2 gy, \quad \sigma_y = 6ax + 2by - \rho_1 gy, \quad \tau_{xy} = \tau_{yx} = -2bx \tag{3.40}$$

右面是斜边界, 它的边界线方程是 $x = y \cdot \tan \alpha$, 在斜面上没有任何面力, $\bar{F}_x = \bar{F}_y = 0$, 按照一般的应力边界条件 (3.17), 有

$$l_1 (\sigma_x)_{x=y\tan\alpha} + l_2 (\tau_{xy})_{x=y\tan\alpha} = 0$$
$$l_2 (\sigma_y)_{x=y\tan\alpha} + l_1 (\tau_{xy})_{x=y\tan\alpha} = 0$$

将式 (3.40) 代入, 得

$$\begin{cases} l_1 (-\rho_2 gy) + l_2(-2by\tan\alpha) = 0 \\ l_2 (6ay\tan\alpha + 2by - \rho_1 gy) + l_1 (-2by\tan\alpha) = 0 \end{cases} \tag{3.41}$$

但由图可见

$$l_1 = \cos(n, x) = \cos\alpha,$$
$$l_2 = \cos(n, y) = \cos\left(\frac{\pi}{2} + \alpha\right) = -\sin\alpha$$

代入式 (3.41), 求解 $b$ 和 $a$, 即得

$$b = \frac{\rho_2 g}{2}\cot^2\alpha, \quad a = \frac{\rho_1 g}{6}\cot\alpha - \frac{\rho_2 g}{3}\cot^3\alpha$$

将这些系数代入式 (3.40), 得解答如下:

$$\begin{aligned} \sigma_x &= -\rho_2 gy \\ \sigma_y &= (\rho_1 g \cot\alpha - 2\rho_2 g \cot^3\alpha)x + (\rho_2 g\cot^2\alpha - \rho_1 g)y \\ \tau_{xy} &= \tau_{yx} = -\rho_2 gx\cot^2\alpha \end{aligned} \tag{3.42}$$

各应力分量沿水平方向的变化如图 3.13(b) 所示.

应力分量 $\sigma_x$ 沿水平方向没有变化, 这个结果是不能由材料力学公式求得的. 应力分量 $\sigma_y$ 沿水平方向按直线变化, 在左面和右面, 它分别为

$$(\sigma_y)_{x=0} = -(\rho_1 g - \rho_2 g \cot^2\alpha)y$$

$$(\sigma_y)_{x=y\tan\alpha} = -\rho_2 gy \cot^2\alpha$$

与用材料力学里偏心受压公式算得的结果相同, 应力分量 $\tau_{yx}$ 也按直线变化, 在左面和右面分别为

$$(\tau_{yx})_{x=0} = 0$$

$$(\tau_{yx})_{x=y\tan\alpha} = -\rho_2 gy \cot\alpha$$

与等截面梁中的切应力按抛物线变化的规律不同.

以上所得的解答, 一向被当作是三角形重力坝中应力的基本解答. 但是该解答是在一定假定条件给出来的, 工程实际情况与例题中的条件存在一定的差异 (如坝身沿着坝轴往往有着不同的截面, 坝身底部的形变受到地基的约束, 不是本例中的无限高, 坝顶总具有一定的宽度等). 因此关于重力坝的较精确的应力分析, 目前大都采用有限单元法来进行.

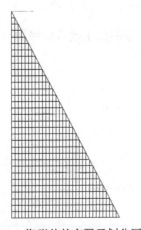

图 3.14　楔形体的有限元划分网格

**例 3.5**　受自重和水压力楔形体理论解与有限元数值解的对比分析.

若取上例中楔形体高 100m, 斜边与铅直面成角 30°, 弹性模量为 $22.5 \times 10^4$MPa, 泊松比为 0.167, 密度 25kN/m³, 楔形体下端固定, 左端铅直面受水压力, 并受自身重力. 计算采用 ABAQUS 有限元分析软件进行分析, 按平面应变问题考虑, 选用三角形和任意四边形两种单元, 其有限元网格剖分图如图 3.14 所示.

计算所得 $y =50$m 截面上的应力分量 $\sigma_x, \sigma_y$ 和 $\tau_{xy}$ 分布图绘于图 3.15～ 图 3.17, 并将整个楔形体结构上的应力分量分布的云图如图 3.18～ 图 3.20.

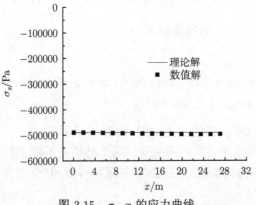

图 3.15　$\sigma_x\text{-}x$ 的应力曲线

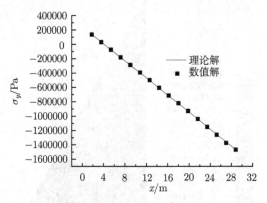

图 3.16 $\sigma_y$-$x$ 的应力曲线

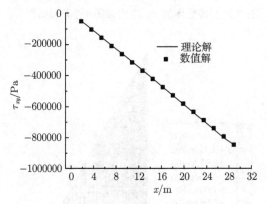

图 3.17 $\tau_{xy}$-$x$ 的应力曲线

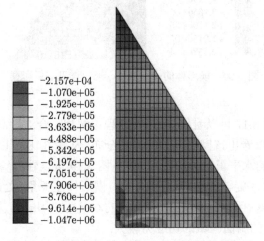

图 3.18 楔形体的 $\sigma_x$ 应力云图 (详见书后彩页)

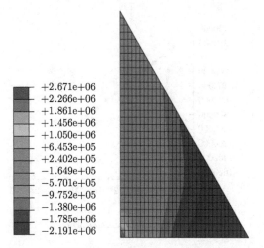

图 3.19    楔形体的 $\sigma_y$ 应力云图 (详见书后彩页)

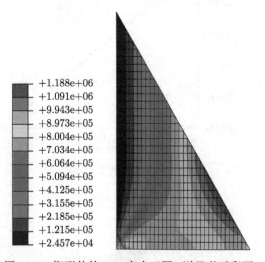

图 3.20    楔形体的 $\tau_{yx}$ 应力云图 (详见书后彩页)

从图 3.15~ 图 3.17 可以看出, 数值解与理论解相吻合, 从而验证了理论解的正确性. 应力云图可以看出该楔形体的应力场分布. 从图 3.18 可以看出, 由于受水推力作用, 该楔形体的水平正应力均为压力. 从图 3.19 可以看出, 在水的推力作用下, 该楔形体产生顺时针旋转的倾向, 导致坝踵 (楔形体左下角) 处的竖向应力分量为拉力, 且存在应力集中现象, 而坝趾 (楔形体的右下角) 为压力. 从图 3.20 可以看出在该楔形体右下侧的斜面区域的切应力较大.

## 3.4 空间问题求解

### 3.4.1 位移法求解

**例 3.6** 半空间体受重力与均布压力问题.

设有半空间体, 密度为 $\rho$, 在水平边界上受均布压力 $q$, 如图 3.21 所示, 以边界面为 $xy$ 面, $z$ 轴铅直向下. 这样, 体力分量就是 $F_x = 0, F_y = 0, F_z = \rho g$.

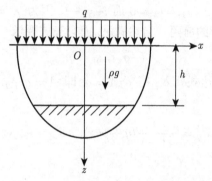

图 3.21 半空间体受重力与均布压力

采用按位移求解. 由于对称 (任一铅直平面都是对称面), 试假设

$$u = 0, \quad v = 0, \quad w = w(z) \tag{3.43}$$

这样就可得到体积应变为

$$\Theta = \frac{\partial u}{\partial x} + \frac{\partial v}{\partial y} + \frac{\partial w}{\partial z} = \frac{\mathrm{d}w}{\mathrm{d}z}$$

$$\frac{\partial \Theta}{\partial x} = 0, \quad \frac{\partial \Theta}{\partial y} = 0, \quad \frac{\partial \Theta}{\partial z} = \frac{\mathrm{d}^2 w}{\mathrm{d}z^2}$$

将上式代入式 (3.22) 表示的拉梅方程, 前两式自然满足, 而第三式成为

$$\frac{E}{2(1+v)} \left( \frac{1}{1-2\nu} \frac{\mathrm{d}^2 w}{\mathrm{d}z^2} + \frac{\mathrm{d}^2 w}{\mathrm{d}z^2} \right) + \rho g = 0$$

简化以后得

$$\frac{\mathrm{d}^2 w}{\mathrm{d}z^2} = -\frac{(1+\nu)(1-2\nu)\rho g}{E(1-\nu)} \tag{3.44}$$

积分以后得

$$\Theta = \frac{\mathrm{d}w}{\mathrm{d}z} = -\frac{(1+\nu)(1-2\nu)\rho g}{E(1-\nu)}(z+A) \tag{3.45}$$

$$w = -\frac{(1+\nu)(1-2\nu)\rho g}{2E(1-\nu)}(z+A)^2 + B \tag{3.46}$$

其中 $A$ 和 $B$ 是待定常数.

现在, 试根据边界条件来决定常数 $A$ 和 $B$. 将以上的结果代入物理方程 (3.12), 得

$$\sigma_x = \sigma_y = -\frac{\nu}{1-\nu}\rho g(z+A), \quad \sigma_z = -\rho g(z+A)$$
$$\tau_{yz} = \tau_{zx} = \tau_{xy} = 0 \tag{3.47}$$

在 $z = 0$ 的边界面上, $l_1 = l_2 = 0$ 而 $l_3 = -1$. 因为 $\bar{X} = \bar{Y} = 0$ 而 $\bar{Z} = q$, 所以应力边界条件 (3.17) 中的前两式自然满足, 而第三式要求

$$(-\sigma_z)_{z=0} = q$$

将式 (3.47) 中 $\sigma_z$ 的表达式代入, 得 $\rho g A = q$, 即 $A = q/\rho g$. 再代回式 (3.47), 即得应力分量的解答

$$\sigma_x = \sigma_y = -\frac{\nu}{1-\nu}(q + \rho gz), \quad \sigma_z = -(q + \rho gz)$$
$$\tau_{yz} = \tau_{zx} = \tau_{xy} = 0 \tag{3.48}$$

并由式 (3.46) 得出**铅直位移**

$$w = -\frac{(1+\nu)(1-2\nu)\rho g}{2E(1-\nu)}\left(z + \frac{q}{\rho g}\right)^2 + B \tag{3.49}$$

为了决定常数 $B$, 必须利用位移边界条件. 假定半空间体在距边界为 $h$ 处没有位移, 如图 3.9 所示, 则有位移边界条件

$$(w)_{z=h} = 0$$

将式 (3.49) 代入, 得

$$B = \frac{(1+\nu)(1-2\nu)\rho g}{2E(1-\nu)}\left(h + \frac{q}{\rho g}\right)^2$$

再代回式 (3.49), 简化以后, 得

$$w = \frac{(1+\nu)(1-2\nu)}{E(1-\nu)}\left[q(h-z) + \frac{\rho g}{2}(h^2 - z^2)\right] \tag{3.50}$$

现在, 应力分量和位移分量都已经完全确定, 并且所有一切条件都已经满足, 可见式 (3.43) 所示的假设完全正确, 而所得的应力和位移就是正确解答.

显然, 最大的位移发生在边界上, 由式 (3.50) 可得

$$w_{\max} = (w)_{z=0} = \frac{(1+\nu)(1-2\nu)}{E(1-\nu)}\left(qh + \frac{1}{2}\rho gh^2\right)$$

在式 (3.48) 中, $\sigma_x$ 和 $\sigma_y$ 是铅直截面上的水平正应力, $\sigma_z$ 是水平截面 $L$ 的铅直正应力, 而它们的比值是

$$\frac{\sigma_x}{\sigma_z} = \frac{\sigma_y}{\sigma_z} = \frac{\nu}{1-\nu} \tag{3.51}$$

这个比值在土力学中称为**侧压力系数**.

**例 3.7** 承受重力与均布压力半空间体的数值分析.

若例 3.6 中半空间体的高度取 100m, 半径取 100m, 密度取 $3\text{N/m}^3$, 弹性模量为 $1.2 \times 10^{10}\text{Pa}$, 泊松比为 0.28, 均布压力为 $1\text{N/m}^2$, 取四分之一的半空间体进行计算. 计算采用 ABAQUS 有限元分析软件进行分析, 按空间问题考虑, 选用空间二十节点等参元, 其有限元网格剖分图如图 3.22 所示.

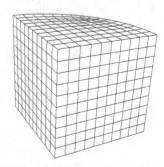

图 3.22 四分之一半空间体的
有限元划分网格

计算时, 在半空间体上表面施加均布荷载, 将距上表面 100m 以下的底面以及半径为 100m 处的圆柱面均视为固定, 两个侧对称平面限制法向位移. 用有限元计算工具进行计算, 设直角坐标系的 $x$ 和 $y$ 轴分别与两个侧平面垂直, $z$ 轴沿中心轴从底面向上表面方向延伸. 现将计算所得的应力场的对比分析列于表 3.4 和表 3.5, 位移场的对比分析列于表 3.6, 并将整个结构上的应力分量 $\sigma_x$, $\sigma_y$ 和 $\sigma_z$ 分布的云图绘于图 3.23 和图 3.24, 将整个结构上的竖向位移分量 $w$ 的云图绘于图 3.26.

表 3.4 中心轴线上水平正应力 $\sigma_x$ 和 $\sigma_y$ 随深度 $z$ 变化的规律

| $z$ /m | 0 | 10 | 20 | 30 | 40 | 50 |
| --- | --- | --- | --- | --- | --- | --- |
| 理论解 $\sigma_x$ 和 $\sigma_y$/Pa | $-0.3889$ | $-114.722$ | $-229.05$ | $-343.39$ | $-457.72$ | $-572.06$ |
| 数值解 $\sigma_x$ 和 $\sigma_y$/Pa | $-0.3889$ | $-114.722$ | $-229.06$ | $-343.39$ | $-457.72$ | $-572.05$ |

表 3.5 中心轴线上竖向正应力 $\sigma_z$ 随深度 $z$ 变化的规律

| $z$ /m | 0 | 10 | 20 | 30 | 40 | 50 |
| --- | --- | --- | --- | --- | --- | --- |
| 理论解 $\sigma_z$/Pa | $-1$ | $-295$ | $-589$ | $-883$ | $-1177$ | $-1471$ |
| 数值解 $\sigma_z$/Pa | $-1$ | $-295$ | $-589$ | $-883$ | $-1177$ | $-1471$ |

表 3.6 中心轴线上竖向位移 $w$ 随深度 $z$ 变化的规律

| $z$ /m | 0 | 10 | 20 | 30 | 40 | 50 |
| --- | --- | --- | --- | --- | --- | --- |
| 理论解 $w/ \times 10^{-6}$m | 9.5887 | 9.4923 | 9.2041 | 8.7244 | 8.0530 | 7.1900 |
| 数值解 $w/ \times 10^{-6}$m | 9.5887 | 9.4923 | 9.2042 | 8.7244 | 8.0530 | 7.1900 |

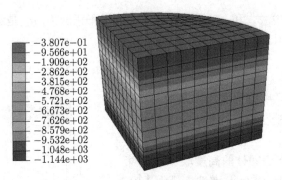

图 3.23　$\sigma_x$ 应力云图 (详见书后彩页)

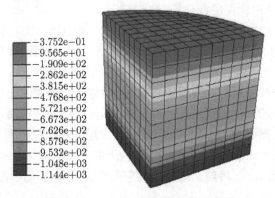

图 3.24　$\sigma_y$ 应力云图 (详见书后彩页)

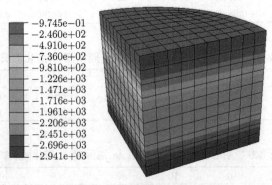

图 3.25　$\sigma_z$ 应力云图 (详见书后彩页)

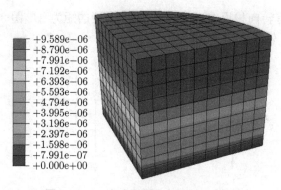

图 3.26 $w$ 应力云图 (详见书后彩页)

从表 3.4~ 表 3.6 可以看出, 数值解与理论解相吻合, 从而验证了理论解的正确性. 应力云图可以看出该半空间体的应力场分布, 位移云图可以看出该半空间体的位移场分布. 从图 3.23 和图 3.24 可以看出, 在竖向压力荷载作用下, 空间水平应力分量 $\sigma_x$ 和 $\sigma_y$ 均受压力. 从图 3.25 可以看出, 深度越深, 压力越大. 从图 3.26 可以看出, 表层的沉降最大, 深度越深, 荷载的影响越小.

## 3.4.2 应力法求解算例

等截面直杆的扭转分析. 在体力为零或为常量的情况下, 方程 (3.24) 简化为如下形式:

$$
\begin{aligned}
(1+\nu)\,\nabla^2\sigma_x + \frac{\partial^2 I}{\partial x^2} &= 0 \\
(1+\nu)\,\nabla^2\sigma_y + \frac{\partial^2 I}{\partial y^2} &= 0 \\
(1+\nu)\,\nabla^2\sigma_z + \frac{\partial^2 I}{\partial z^2} &= 0 \\
(1+\nu)\,\nabla^2\tau_{yz} + \frac{\partial^2 I}{\partial y\partial z} &= 0 \\
(1+\nu)\,\nabla^2\tau_{zx} + \frac{\partial^2 I}{\partial z\partial x} &= 0 \\
(1+\nu)\,\nabla^2\tau_{xy} + \frac{\partial^2 I}{\partial x\partial y} &= 0
\end{aligned}
\tag{3.52}
$$

按应力求解空间问题时, 需要使得 6 个应力分量在弹性体区域内满足平衡微分方程 (3.3), 满足相容方程 (3.52), 并在边界上满足应力边界条件 (3.17).

由于位移边界条件难以用应力分量及其导数来表示, 因此, 位移边界问题和混合边界问题一般都不能按应力求解而得出精确的函数式解答.

下面采用半逆解法求解等截面直杆的扭转. 设有等截面直杆, 体力可以不计,在两端平面内受有转向相反的两个力偶, 每个力偶的矩为 $M$, 图 3.27(a). 取杆的上端平面为 $xy$ 面, $z$ 轴铅直向下.

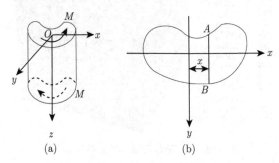

图 3.27　等直杆的扭转

依照材料力学对于圆截面杆的解答, 这里假设: 除了横截面上的切应力以外, 其他的应力分量都等于零, 即

$$\sigma_x = \sigma_y = \sigma_z = \tau_{xy} = 0 \tag{3.53}$$

代入平衡微分方程 (3.3), 并注意在这里体力 $F_x = F_y = F_z = 0$, 即得

$$\frac{\partial \tau_{zx}}{\partial z} = 0, \quad \frac{\partial \tau_{zy}}{\partial z} = 0, \quad \frac{\partial \tau_{xz}}{\partial x} + \frac{\partial \tau_{yz}}{\partial y} = 0 \tag{3.54}$$

由前两个方程可见, $\tau_{zx}$ 和 $\tau_{zy}$ 应当只是 $x$ 和 $y$ 的函数, 不随 $z$ 而变. 第三个方程可以写成

$$\frac{\partial}{\partial x}\left(\tau_{xz}\right) = \frac{\partial}{\partial y}\left(-\tau_{yz}\right)$$

根据微分方程理论, 一定存在一个函数 $\Phi(x, y)$, 使得

$$\tau_{xz} = \frac{\partial \Phi}{\partial y}, \quad -\tau_{yz} = \frac{\partial \Phi}{\partial x}$$

由此得出用应力函数 $\Phi$ 表明应力分量的表达式

$$\tau_{zx} = \tau_{xz} = \frac{\partial \Phi}{\partial y}, \quad \tau_{yz} = \tau_{zy} = -\frac{\partial \Phi}{\partial x} \tag{3.55}$$

将式 (3.53) 表示的应力分量代入相容方程 (3.52), 可见其中的前三式及最后一式总能满足, 而其余两式成为

$$\nabla^2 \tau_{yz} = 0, \quad \nabla^2 \tau_{zx} = 0$$

将式 (3.55) 代入, 得

$$\frac{\partial}{\partial x}\nabla^2 \Phi = 0, \quad \frac{\partial}{\partial y}\nabla^2 \Phi = 0$$

这就是说, $\nabla^2 \Phi$ 应当是常量, 即

$$\nabla^2 \Phi = C \tag{3.56}$$

其中 $C$ 为待定的常数.

现在来考虑边界条件. 在杆的侧面, $n = 0$, 面力 $\bar{F}_x = \bar{F}_y = \bar{F}_z = 0$, 可见应力边界条件 (3.17) 中的前两式总能满足, 而第三式成为

$$l_1 (\tau_{xz})_s + l_2 (\tau_{yz})_s = 0$$

将式 (3.55) 代入而得

$$l_1 \left(\frac{\partial \Phi}{\partial y}\right)_s - l_2 \left(\frac{\partial \Phi}{\partial x}\right)_s = 0$$

因为在边界上有 $l_1 = \dfrac{\mathrm{d}y}{\mathrm{d}s}$, $l_2 = -\dfrac{\mathrm{d}x}{\mathrm{d}s}$, 所以由上式得出

$$\left(\frac{\partial \Phi}{\partial y}\right)_s \frac{\mathrm{d}y}{\mathrm{d}s} + \left(\frac{\partial \Phi}{\partial x}\right)_s \frac{\mathrm{d}x}{\mathrm{d}s} = \frac{\mathrm{d}\Phi}{\mathrm{d}s} = 0$$

这就是说, 在杆的侧面上 (在横截面的边界线上), 应力函数 $\Phi$ 所取的边界值 $\Phi_s$ 应当是常量.

由式 (3.55) 可见, 当应力函数 $\Phi$ 增加或减少一个常数时, 应力分量并不受影响. 因此, 在单连截面的情况下, 即实心杆的情况下, 为了简便, 应力函数 $\Phi$ 的边界值可以取为零, 即

$$\Phi_s = 0 \tag{3.57}$$

在杆的任一端, 如 $z=0$ 的上端, $l_1 = l_2 = 0$, 而 $l_3 = -1$, 应力边界条件 (3.17) 中的第三式总能满足, 而前两式成为

$$- (\tau_{zx})_{z=0} = \bar{F}_x, \quad - (\tau_{zy})_{z=0} = \bar{F}_y \tag{3.58}$$

由于 $z = 0$ 的边界面上的面力分量 $\bar{F}_x, \bar{F}_y$ 并不知道, 只知其主矢量为 0, 而主矩为扭矩 $M$, 因此, 式 (3.58) 的应力边界条件无法精确满足. 由于$z=0$ 的是次要边界, 可应用圣维南原理, 将式 (3.58) 的边界条件改用主矢量、主矩的条件来代替, 即

$$- \iint_A (\tau_{zx})_{z=0} \mathrm{d}x \mathrm{d}y = \iint_A \bar{F}_x \mathrm{d}x \mathrm{d}y = 0 \tag{3.59}$$

$$- \iint_A (\tau_{zy})_{z=0} \mathrm{d}x \mathrm{d}y = \iint_A \bar{F}_y \mathrm{d}x \mathrm{d}y = 0 \tag{3.60}$$

$$- \iint_A (y\tau_{zx} - x\tau_{zy})_{z=0}\mathrm{d}x\mathrm{d}y = \iint_A (y\bar{F}_x - x\bar{F}_y)\mathrm{d}x\mathrm{d}y = M \qquad (3.61)$$

其中 $A$ 为上端面的面积. 显然, 在等截面直杆中, 式 (3.59), (3.60), (3.61) 在 $z$ 为任意值的横截面上都应当满足.

根据式 (3.58) 中第一式和式 (3.55), 式 (3.59) 左边的积分式可以写成

$$- \iint_A \tau_{zx}\mathrm{d}x\mathrm{d}y = - \iint_A \frac{\partial \Phi}{\partial y}\mathrm{d}x\mathrm{d}y = - \int \mathrm{d}x \int \frac{\partial \Phi}{\partial y}\mathrm{d}y = - \int_s (\Phi_B - \Phi_A)\mathrm{d}x$$

其中 $\Phi_B$ 及 $\Phi_A$ 是截面边界上 $B$ 点及 $A$ 点的 $\Phi$ 值, 图 3.27(b), 应当等于零, 可见式 (3.59) 是满足的. 同样可见式 (3.60) 也是满足的.

根据式 (3.58) 和式 (3.55), 式 (3.61) 左边的积分式可以写成

$$- \iint_A (y\tau_{zx} - x\tau_{zy})\mathrm{d}x\mathrm{d}y = - \iint_A \left( y\frac{\partial \Phi}{\partial y} + x\frac{\partial \Phi}{\partial x} \right)\mathrm{d}x\mathrm{d}y$$

$$= - \int \mathrm{d}x \int y\frac{\partial \Phi}{\partial y}\mathrm{d}y - \int \mathrm{d}y \int x\frac{\partial \Phi}{\partial x}\mathrm{d}x$$

进行分部积分, 可见

$$- \int \mathrm{d}x \int y\frac{\partial \Phi}{\partial y}\mathrm{d}y = - \int \mathrm{d}x \left[ (y_B\Phi_B - y_A\Phi_A) - \int \Phi\mathrm{d}y \right]$$

$$= \iint_A \Phi\mathrm{d}x\mathrm{d}y$$

于是式 (3.61) 成为

$$2 \iint_A \Phi\mathrm{d}x\mathrm{d}y = M \qquad (3.62)$$

总结起来, 为了求得应力, 只需求出应力函数 $\Phi$, 使它能满足方程式 (3.56), 式 (3.57) 和式 (3.62), 然后由式 (3.55) 求应力分量.

现在来导出有关位移的公式. 将应力分量 (3.53) 及 (3.55) 代入物理方程 (3.10), 得

$$\varepsilon_x = 0, \quad \varepsilon_y = 0, \quad \varepsilon_z = 0, \quad \gamma_{yz} = -\frac{1}{G}\frac{\partial \Phi}{\partial x}, \quad \gamma_{zx} = \frac{1}{G}\frac{\partial \Phi}{\partial y}, \quad \gamma_{xy} = 0$$

再将这些表达式代入几何方程 (3.4), 得

$$\frac{\partial u}{\partial x} = 0, \quad \frac{\partial v}{\partial y} = 0, \quad \frac{\partial w}{\partial z} = 0$$

$$\frac{\partial w}{\partial y} + \frac{\partial v}{\partial z} = -\frac{1}{G}\frac{\partial \Phi}{\partial x}, \quad \frac{\partial u}{\partial z} + \frac{\partial w}{\partial x} = \frac{1}{G}\frac{\partial \Phi}{\partial y} \qquad (3.63)$$

$$\frac{\partial v}{\partial x} + \frac{\partial u}{\partial y} = 0$$

通过积分运算, 可由上列第一、第二和第六式求得

$$u = u_0 + w_y z - w_z y - Kyz$$
$$v = v_0 + w_z x - w_x z + Kxz$$

其中的积分常数 $u_0, v_0, w_x, w_y, w_z$ 和以前一样代表刚体位移, $K$ 也是积分常数. 如果不计刚体位移, 只保留与形变有关的位移, 则

$$u = -Kyz, \quad v = Kxz \tag{3.64}$$

用圆柱坐标表示, 就是

$$u_r = 0, \quad u_\theta = Krz$$

可见每个横截面在 $xy$ 面上的投影不改变形状, 而只是转动一个角度 $\alpha = Kz$. 由此又可见, 杆的单位长度内的扭角是 $\dfrac{\mathrm{d}\alpha}{\mathrm{d}z} = K$.

将式 (3.64) 代入式 (3.63) 中第五和第四式, 得

$$\frac{\mathrm{d}w}{\mathrm{d}x} = \frac{1}{G}\frac{\partial \Phi}{\partial y} + Ky, \quad \frac{\partial w}{\partial y} = -\frac{1}{G}\frac{\partial \Phi}{\partial x} - Kx \tag{3.65}$$

可以用来求得位移分量 $w$. 将上列两式分别对 $y$ 及 $x$ 求导, 然后相减, 移项以后即得

$$\nabla^2 \Phi = -2GK \tag{3.66}$$

由此可见, 方程 (3.56) 中常数 $C$ 具有物理意义, 它可以表示为

$$C = -2GK \tag{3.67}$$

# 思考题与习题 3

**3-1**　试说明什么情况下一个实际工程结构分析问题可以简化成平面应力问题或平面应变问题? 并比较平面应力问题与平面应变问题的异同点.

**3-2**　当不计体力时, 试验证下列应力分量:

$$\sigma_x = C\left[y^2 + \nu\left(x^2 - y^2\right)\right], \quad \sigma_y = C\left[x^2 + \nu\left(y^2 - x^2\right)\right]$$
$$\sigma_z = C\nu\left(x^2 + y^2\right), \quad \tau_{xy} = -2C\nu xy, \quad \tau_{yz} = \tau_{zx} = 0, \quad C \neq 0$$

能否满足平衡微分方程? 可否当作弹性力学问题的解?

**3-3**　当不计体力时, 若位移分量为如下所示的函数

$$u = -\alpha yz, \quad v = \alpha xz, \quad w = \alpha\left(x^2 - y^2\right)$$

其中$\alpha$为常数. 请求出应力分量.

**3-4**　已知应力状态, $\sigma_z = \tau_{zx} = \tau_{zy} = 0, \sigma_x = \dfrac{\partial^2 \Phi}{\partial y^2}, \sigma_y = \dfrac{\partial^2 \Phi}{\partial x^2}, \tau_{xy} = -\dfrac{\partial^2 \Phi}{\partial x \partial y},$
已满足无体力平衡方程, 要使其满足变形协调方程, 证明 $\Phi$ 应具有如下形式:

$$\Phi = -\frac{1}{2}\frac{\nu}{1+\nu}\theta z^2 + \Phi_1 z + \Phi_0$$

式中,

$$\theta = \theta(x, y)\text{且满足}\nabla^2 \theta = 0$$
$$\Phi_0 = \Phi_0(x, y)\text{且满足}\nabla^2 \Phi_0 = 0$$
$$\Phi_1 = \Phi_1(x, y)\text{且满足}\nabla^2 \Phi_1 = k$$

**3-5**　已知应力函数 $\Phi = a\left(x^4 - y^4\right)$, 试检查它是否能作为应力函数? 如果可以, 试写出应力分量 (不计体力). 并根据这些应力分量, 绘出下图所示矩形体边界上的面力分布.

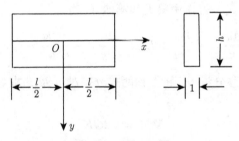

图 3.28　题 3-5 图

**3-6**　已知图示三角形悬臂梁只受重力作用, 梁的密度为 $\rho$, 试用纯三次式应力函数 $\Phi = Ax^3 + Bx^2y + Cxy^2 + Dy^3$ 求解该梁的应力分量.

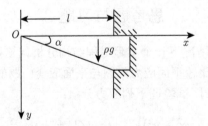

图 3.29　题 3-6 图

# 第4章 曲线坐标系下的基本方程及基本解法

本章首先介绍极坐标系下的应力状态、基本方程、基本方法, 以及典型工程问题算例, 然后给出柱坐标系下的基本方程、求解方法和算例, 最后介绍球坐标系下的基本方程、解法和应用算例.

## 4.1 平面极坐标下的求解方法

对于一般形状的受力弹性体, 可采用直角坐标系建立基本方程进行解答, 但对于圆盘、圆环或楔形物等弹性体进行应力分析时, 采用极坐标会更为方便. 下面将推导极坐标系下的基本方程, 并给出其求解方法.

### 4.1.1 基本方程

(1) 平衡微分方程.

与推导直角坐标系下的平衡微分方程相类似, 为建立极坐标系下的平衡微分方程, 取厚度为 1 的微元体 $ABCD$, 此微元体由两条径向直线和两条环向曲线所围成, 如图 4.1 所示, 并用 $\sigma_r$ 表示径向正应力, $\sigma_\theta$ 表示环向正应力, $\tau_{r\theta}$ 和 $\tau_{\theta r}$ 表示微元体四边上的切应力, 并且根据切应力互等定理有 $\tau_{r\theta} = \tau_{\theta r}$. 各个应力分量的正负号的规定与直角坐标系中的一样.

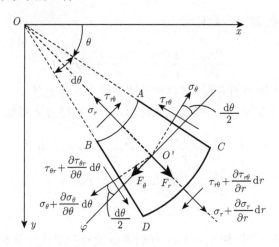

图 4.1  极坐标系下微元体的应力状态

类似直角坐标系下的微分体, 由于应力随坐标的变化而变化, 设 $AB$ 面上的正应力为 $\sigma_r$, 切应力为 $\tau_{r\theta}$, 则 $CD$ 面上的正应力和切应力分别为 $\sigma_r + \dfrac{\partial \sigma_r}{\partial r} \mathrm{d}r$ 和 $\tau_{r\theta} + \dfrac{\partial \tau_{r\theta}}{\partial r} \mathrm{d}r$. 同样, $AC$ 面上的正应力为 $\sigma_\theta$, 切应力为 $\tau_{r\theta}$, 则 $BD$ 面上的正应力和切应力分别为 $\sigma_\theta + \dfrac{\partial \sigma_\theta}{\partial \theta} \mathrm{d}\theta$ 和 $\tau_{\theta r} + \dfrac{\partial \tau_{\theta r}}{\partial \theta} \mathrm{d}\theta$. 另外假设, 微元体的体力分量为 $F_r$ 和 $F_\theta$, 那么将微分体所受到的所有力投影到中心的径向轴上, 并取 $\sin \dfrac{\mathrm{d}\theta}{2} = \dfrac{\mathrm{d}\theta}{2}, \cos \dfrac{\mathrm{d}\theta}{2} = 1$, 则可列出径向平衡方程:

$$\left(\sigma_r + \frac{\partial \sigma_r}{\partial r} \mathrm{d}r\right)(r + \mathrm{d}r)\mathrm{d}\theta - \sigma_r r \mathrm{d}\theta - \left(\sigma_\theta + \frac{\partial \sigma_\theta}{\partial \theta} \mathrm{d}\theta\right)\mathrm{d}r \frac{\mathrm{d}\theta}{2}$$

$$- \sigma_\theta \mathrm{d}r \frac{\mathrm{d}\theta}{2} + \left(\tau_{\theta r} + \frac{\partial \tau_{\theta r}}{\partial \theta} \mathrm{d}\theta\right)\mathrm{d}r - \tau_{\theta r}\mathrm{d}r + F_r r \mathrm{d}\theta \mathrm{d}r = 0 \tag{4.1}$$

将式 (4.1) 略去三阶微量, 进行简化, 并再除以微元体的体积 $r\mathrm{d}r\mathrm{d}\theta$ 得到

$$\frac{\partial \sigma_r}{\partial r} + \frac{1}{r}\frac{\partial \tau_{\theta r}}{\partial \theta} + \frac{\sigma_r - \sigma_\theta}{r} + F_r = 0 \tag{4.2}$$

再将所有力投影到微分体中心的切向轴上, 仍然取 $\sin \dfrac{\mathrm{d}\theta}{2} = \dfrac{\mathrm{d}\theta}{2}, \cos \dfrac{\mathrm{d}\theta}{2} = 1$, 可得切向平衡方程:

$$\left(\sigma_\theta + \frac{\partial \sigma_\theta}{\partial \theta} \mathrm{d}\theta\right)\mathrm{d}r - \sigma_\theta \mathrm{d}r + \left(\tau_{r\theta} + \frac{\partial \tau_{r\theta}}{\partial r} \mathrm{d}r\right)(r + \mathrm{d}r)\mathrm{d}\theta - \tau_{r\theta} r \mathrm{d}\theta$$

$$+ \left(\tau_{\theta r} + \frac{\partial \tau_{\theta r}}{\partial \theta} \mathrm{d}\theta\right)\mathrm{d}r \frac{\mathrm{d}\theta}{2} + \tau_{\theta r}\mathrm{d}r \frac{\mathrm{d}\theta}{2} + F_\theta r \mathrm{d}\theta \mathrm{d}r = 0 \tag{4.3}$$

同样略去三阶微量, 进一步简化为

$$\frac{\partial \tau_{r\theta}}{\partial r} + \frac{1}{r}\frac{\partial \sigma_\theta}{\partial \theta} + \frac{2\tau_{r\theta}}{r} + F_\theta = 0 \tag{4.4}$$

如果进一步列出力矩平衡方程, 将再次证明切应力互等定理.

综合上述平衡方程, 可以得到极坐标形式的平衡微分方程如下:

$$\begin{cases} \dfrac{\partial \sigma_r}{\partial r} + \dfrac{1}{r}\dfrac{\partial \tau_{r\theta}}{\partial \theta} + \dfrac{\sigma_r - \sigma_\theta}{r} + F_r = 0 \\[3mm] \dfrac{\partial \tau_{r\theta}}{\partial r} + \dfrac{1}{r}\dfrac{\partial \sigma_\theta}{\partial \theta} + \dfrac{2\tau_{r\theta}}{r} + F_\theta = 0 \end{cases} \tag{4.5}$$

(2) 几何方程.

在极坐标系下, 可以用 $\varepsilon_r$ 和 $\varepsilon_\theta$ 分别表示径向线应变分量和环向线应变分量, 用 $\gamma_{r\theta}$ 代表切应变分量, 用 $u_r$ 和 $u_\theta$ 分别代表径向位移和环向位移分量.

设任意点 $A(r, \theta)$, 如图 4.2 所示, 沿着径向和环向的微分线段分别为 $AC$ 和 $AB$, 为了分析径向应变和位移之间的关系, 首先假设只有径向位移而没有环向位移, 并且 $AC$ 变形到 $A'C'$, $AB$ 变形到 $A'B'$, 则 $A, B, C$ 三点的位移分别为

$$AA' = u_r, \quad CC' = u_r + \frac{\partial u_r}{\partial r}\mathrm{d}r, \quad BB' = u_r = \frac{\partial u_r}{\partial \theta}\mathrm{d}\theta \tag{4.6}$$

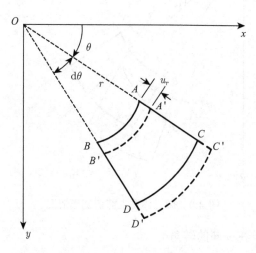

图 4.2 只有径向位移而没有环向位移情况

所以径向线段 $AC$ 的线应变为

$$\varepsilon_r = \frac{A'C' - AC}{AC} = \frac{CC' - AA'}{AC} = \frac{u_r + \dfrac{\partial u_r}{\partial r}\mathrm{d}r - u_r}{\mathrm{d}r} = \frac{\partial u_r}{\partial r} \tag{4.7}$$

对于环向正应变 $\varepsilon_\theta$, 可分为两部分组成, 如果只有径向位移 $u_r$, 如图 4.2 所示, $AB$ 变形到 $A'B'$, $AB$ 的伸长率为

$$\frac{(r + u_r)\mathrm{d}\theta - r\mathrm{d}\theta}{r\mathrm{d}\theta} = \frac{u_r}{r} \tag{4.8}$$

如果只有环向位移, 如图 4.3 所示,

$$\frac{A''B'' - AB}{AB} = \frac{BB'' - AA''}{AB} = \frac{u_\theta + \dfrac{\partial u_\theta}{\partial \theta}\mathrm{d}\theta - u_\theta}{r\mathrm{d}\theta} = \frac{1}{r}\frac{\partial u_\theta}{\partial \theta} \tag{4.9}$$

这样环向正应变为

$$\varepsilon_\theta = \frac{u_r}{r} + \frac{1}{r}\frac{\partial u_\theta}{\partial \theta} \tag{4.10}$$

对于切应变, 设微元体的变形前后的形状如图 4.3 所示.

由图 4.3 可知, 切应变应为

$$\gamma_{r\theta} = \gamma + (\beta - \alpha) \tag{4.11}$$

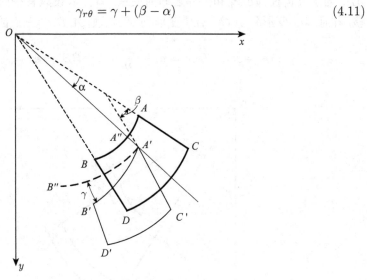

图 4.3    微元体发生剪切变形情况

$\gamma$ 为微分段 $AB$ 在径向的转角:

$$\gamma = \frac{BB' - AA'}{AB} = \frac{u_r + \dfrac{\partial u_r}{\partial \theta}\mathrm{d}\theta - u_r}{r\mathrm{d}\theta} = \frac{1}{r}\frac{\partial u_r}{\partial \theta} \tag{4.12}$$

另外, $\beta$ 表示径向线段 $AC$ 在环向的转动角度

$$\beta = \frac{CC' - AA'}{AC} = \frac{u_\theta + \dfrac{\partial u_\theta}{\partial r}\mathrm{d}r - u_\theta}{\mathrm{d}r} = \frac{\partial u_\theta}{\partial r} \tag{4.13}$$

而 $\alpha$ 为点 $A$ 在环向的转动角度, 等于环向位移除以径向坐标,

$$\alpha = \frac{u_\theta}{r} \tag{4.14}$$

则切应变为

$$\gamma_{r\theta} = \frac{1}{r}\frac{\partial u_r}{\partial \theta} + \frac{\partial u_\theta}{\partial r} - \frac{u_\theta}{r} \tag{4.15}$$

综上所述, 极坐标中的几何方程为

$$\begin{cases} \varepsilon_r = \dfrac{\partial u_r}{\partial r} \\[2mm] \varepsilon_\theta = \dfrac{u_r}{r} + \dfrac{1}{r}\dfrac{\partial u_\theta}{\partial \theta} \\[2mm] \gamma_{r\theta} = \dfrac{1}{r}\dfrac{\partial u_r}{\partial \theta} + \dfrac{\partial u_\theta}{\partial r} - \dfrac{u_\theta}{r} \end{cases} \tag{4.16}$$

(3) 物理方程.

与直角坐标系中坐标 $x$ 和 $y$ 是正交的一样, 在极坐标系中, 坐标 $r$ 和 $\theta$ 也是正交的, 所以, 极坐标系下的物理方程应该具有类似的形式, 只是坐标不一样. 因此平面应力问题极坐标形式的物理方程为

$$\begin{cases} \varepsilon_r = \dfrac{1}{E}(\sigma_r - \nu\sigma_\theta) \\[2mm] \varepsilon_\theta = \dfrac{1}{E}(\sigma_\theta - \nu\sigma_r) \\[2mm] \gamma_{r\theta} = \dfrac{2(1+\nu)}{E}\tau_{r\theta} \end{cases} \tag{4.17}$$

对于平面应变问题, 可以将上式中的 $E$ 换成 $\dfrac{E}{1-\nu^2}$, $\nu$ 换成 $\dfrac{\nu}{1-\nu}$, 所以物理方程为

$$\begin{cases} \varepsilon_r = \dfrac{1-\nu^2}{E}\left(\sigma_r - \dfrac{\nu}{1-\nu}\sigma_\theta\right) \\[2mm] \varepsilon_\theta = \dfrac{1-\nu^2}{E}\left(\sigma_\theta - \dfrac{\nu}{1-\nu}\sigma_r\right) \\[2mm] \gamma_{r\theta} = \dfrac{2(1+\nu)}{E}\tau_{r\theta} \end{cases} \tag{4.18}$$

### 4.1.2 基本解法

1. 应力函数

由以上分析可见, 在物体内部, 过同一点的不同方向面上的应力, 一般情况下是不相同的. 所谓一点的应力状态, 是指过一点不同方向面上的应力的集合. 通过应力分析, 可以得到过一点不同方向面上应力的分量.

为了将极坐标中的应力分量采用应力函数来表示, 可以借鉴直角坐标系中的公式, 由于在直角坐标系和极坐标之间存在如下转换关系:

$$x = r\cos\theta, \quad y = r\sin\theta \quad \text{或} \quad r = \sqrt{x^2 + y^2}, \quad \theta = \arctan\frac{y}{x} \tag{4.19}$$

将 $r$ 和 $\theta$ 对 $x, y$ 求偏导得到

$$\begin{cases} \dfrac{\partial r}{\partial x} = \dfrac{x}{\sqrt{x^2+y^2}} = \dfrac{x}{r} = \cos\theta \\[2mm] \dfrac{\partial r}{\partial y} = \dfrac{y}{\sqrt{x^2+y^2}} = \dfrac{y}{r} = \sin\theta \\[2mm] \dfrac{\partial \theta}{\partial x} = -\dfrac{y}{x^2}\dfrac{1}{1+\dfrac{y^2}{x^2}} = -\dfrac{y}{x^2+y^2} = -\dfrac{1}{r}\sin\theta \\[3mm] \dfrac{\partial \theta}{\partial y} = \dfrac{1}{x}\dfrac{1}{1+\dfrac{y^2}{x^2}} = \dfrac{x}{x^2+y^2} = \dfrac{1}{r}\cos\theta \end{cases}$$

　　由于 $r$ 和 $\theta$ 是 $x,y$ 的函数, 而在极坐标下的应力函数 $\Phi$ 是 $r$ 和 $\theta$ 的函数, 因此可以认为应力函数 $\Phi$ 是关于 $x,y$ 的复合函数.

$$\begin{cases} \dfrac{\partial}{\partial x} = \dfrac{\partial r}{\partial x}\dfrac{\partial}{\partial r} + \dfrac{\partial \theta}{\partial x}\dfrac{\partial}{\partial \theta} = \cos\theta\dfrac{\partial}{\partial r} - \dfrac{1}{r}\sin\theta\dfrac{\partial}{\partial \theta} \\[3mm] \dfrac{\partial}{\partial y} = \dfrac{\partial r}{\partial y}\dfrac{\partial}{\partial r} + \dfrac{\partial \theta}{\partial y}\dfrac{\partial}{\partial \theta} = \sin\theta\dfrac{\partial}{\partial r} + \dfrac{1}{r}\cos\theta\dfrac{\partial}{\partial \theta} \end{cases}$$

重复运算可得对于二阶导数形式如下:

$$\begin{aligned} \frac{\partial^2}{\partial x^2} &= \left(\cos\theta\frac{\partial}{\partial r} - \frac{1}{r}\sin\theta\frac{\partial}{\partial \theta}\right)\left(\cos\theta\frac{\partial}{\partial r} - \frac{1}{r}\sin\theta\frac{\partial}{\partial \theta}\right) \\ &= \cos^2\theta\frac{\partial^2}{\partial r^2} - \frac{2\sin\theta\cos\theta}{r}\frac{\partial^2}{\partial r\partial\theta} + \frac{\sin^2\theta}{r}\frac{\partial}{\partial r} \\ &\quad + \frac{2\sin\theta\cos\theta}{r^2}\frac{\partial}{\partial\theta} + \frac{\sin\theta^2}{r^2}\frac{\partial^2}{\partial\theta^2} \\ \frac{\partial^2}{\partial y^2} &= \left(\sin\theta\frac{\partial}{\partial r} + \frac{1}{r}\cos\theta\frac{\partial}{\partial \theta}\right)\left(\sin\theta\frac{\partial}{\partial r} + \frac{1}{r}\cos\theta\frac{\partial}{\partial \theta}\right) \\ &= \sin^2\theta\frac{\partial^2}{\partial r^2} + \frac{2\sin\theta\cos\theta}{r}\frac{\partial^2}{\partial r\partial\theta} + \frac{\cos\theta^2}{r}\frac{\partial}{\partial r} \\ &\quad - \frac{2\sin\theta\cos\theta}{r^2}\frac{\partial}{\partial\theta} + \frac{\cos^2\theta}{r^2}\frac{\partial^2}{\partial\theta^2} \\ \frac{\partial^2}{\partial x\partial y} &= \left(\cos\theta\frac{\partial}{\partial r} - \frac{1}{r}\sin\theta\frac{\partial}{\partial \theta}\right)\left(\sin\theta\frac{\partial}{\partial r} + \frac{1}{r}\cos\theta\frac{\partial}{\partial \theta}\right) \\ &= \sin\theta\cos\theta\frac{\partial^2}{\partial r^2} + \frac{\cos^2\theta - \sin^2\theta}{r}\frac{\partial^2}{\partial r\partial\theta} - \frac{\sin\theta\cos\theta}{r}\frac{\partial}{\partial r} \\ &\quad - \frac{\cos^2\theta - \sin^2\theta}{r^2}\frac{\partial}{\partial\theta} - \frac{\sin\theta\cos\theta}{r^2}\frac{\partial^2}{\partial\theta^2} \end{aligned}$$

　　如果将 $r$ 转到与 $x$ 重合, 使得坐标 $\theta$ 为零, 则 $\sigma_x, \sigma_\theta, \tau_{r\theta}$ 与 $\sigma_x, \sigma_y, \tau_{xy}$ 等效. 若不计体力, 则可以得到采用应力函数表示的应力分量表达式如下:

$$\begin{cases} \sigma_r = (\sigma_x)_{\theta=0} = \left(\dfrac{\partial^2\Phi}{\partial y^2}\right)_{\theta=0} = \dfrac{1}{r}\dfrac{\partial\Phi}{\partial r} + \dfrac{1}{r^2}\dfrac{\partial^2\Phi}{\partial\theta^2} \\[3mm] \sigma_\theta = (\sigma_y)_{\theta=0} = \left(\dfrac{\partial^2\Phi}{\partial x^2}\right)_{\theta=0} = \dfrac{\partial^2\Phi}{\partial r^2} \\[3mm] \tau_{r\theta} = (\tau_{xy})_{\theta=0} = \left(-\dfrac{\partial^2\Phi}{\partial xy}\right)_{\theta=0} = -\dfrac{\partial}{\partial r}\left(\dfrac{1}{r}\dfrac{\partial\Phi}{\partial\theta}\right) \end{cases} \tag{4.20}$$

当不考虑体力分量时, 上述应力分量公式满足平衡微分方程.

2. 相容方程

如果将上述二阶导数形式 $\dfrac{\partial^2}{\partial x^2}$ 和 $\dfrac{\partial^2}{\partial y^2}$ 相加, 经过简化, 可以得到极坐标形式的拉普拉斯运算式子:

$$\nabla^2 = \frac{\partial^2}{\partial x^2} + \frac{\partial^2}{\partial y^2} = \frac{\partial^2}{\partial r^2} + \frac{1}{r}\frac{\partial}{\partial r} + \frac{1}{r^2}\frac{\partial^2}{\partial \theta^2}$$

所以, 根据直角坐标系下的相容方程:

$$\left(\frac{\partial^2}{\partial x^2} + \frac{\partial^2}{\partial y^2}\right)^2 \Phi = 0$$

可以得到极坐标系下的相容方程为

$$\left(\frac{\partial^2}{\partial r^2} + \frac{1}{r}\frac{\partial}{\partial r} + \frac{1}{r^2}\frac{\partial^2}{\partial \theta^2}\right)^2 \Phi = 0 \tag{4.21}$$

总之, 用极坐标求解弹性力学平面问题, 与直角坐标系一样, 归结为求解满足应力边界条件及上述相容方程的应力函数 $\Phi(r,\theta)$, 在求解确定应力函数 $\Phi(r,\theta)$ 之后, 就可以采用上述应力函数表示的应力分量公式计算应力分量了.

3. 轴对称问题应力分量和位移分量

轴对称问题是当结构、外荷载和边界条件都是轴对称时的弹性力学问题. 对于轴对称问题, 应力分量与应变分量都与 $\theta$ 无关, 并且切应力为零.

对于轴对称问题, 应力函数 $\Phi(r,\theta)$ 变成 $\Phi(r)$, 所以相容方程简化为

$$\left(\frac{\partial^2}{\partial r^2} + \frac{1}{r}\frac{\partial}{\partial r}\right)\left(\frac{\partial^2 \Phi}{\partial r^2} + \frac{1}{r}\frac{\partial \Phi}{\partial r}\right) = 0$$

将其展开可得欧拉方程:

$$r^4\frac{\partial^4 \Phi}{\partial r^4} + 2r^3\frac{\partial^3 \Phi}{\partial r^3} - r^2\frac{\partial^2 \Phi}{\partial r^2} + r\frac{\partial \Phi}{\partial r} = 0$$

令 $r = \mathrm{e}^t$ 则上述欧拉方程可变成常系数微分方程

$$\frac{\partial^4 \Phi}{\partial t^4} - 4\frac{\partial^3 \Phi}{\partial t^3} + 4\frac{\partial^2 \Phi}{\partial t^2} = 0$$

则轴对称应力状态下应力函数的通解为

$$\Phi = At + Bte^{2t} + Ce^{2t} + D \quad \text{或} \quad \Phi = A\ln r + Br^2\ln r + Cr^2 + D$$

其中 $A, B, C, D$ 是待定常数.

将上述应力函数带入应力分量计算公式可轴对称应力的一般性解答:

$$
\begin{cases}
\sigma_r = \dfrac{1}{r}\dfrac{\partial \Phi}{\partial r} = \dfrac{A}{r^2} + B(1 + 2\ln r) + 2C \\[2mm]
\sigma_\theta = \dfrac{\partial^2 \Phi}{\partial r^2} = -\dfrac{A}{r^2} + B(3 + 2\ln r) + 2C \\[2mm]
\tau_{r\theta} = \tau_{\theta r} = 0
\end{cases}
\tag{4.22}
$$

对于轴对称应力相对应的变形和位移, 可以结合物理方程和几何方程求解.

首先将上述应力分量公式代入物理方程得到对应的应变分量, 再将应变分量代入几何方程得到

$$
\frac{\partial u_r}{\partial r} = \frac{1}{E}\left[(1+\nu)\frac{A}{r^2} + (1-3\nu)B + 2(1-\nu)B\ln r + 2(1-\nu)C\right]
$$

$$
\frac{u_r}{r} + \frac{1}{r}\frac{\partial u_\theta}{\partial \theta} = \frac{1}{E}\left[-(1+\nu)\frac{A}{r^2} + (3-\nu)B + 2(1-\nu)B\ln r + 2(1-\nu)C\right]
$$

$$
\frac{1}{r}\frac{\partial u_r}{\partial \theta} + \frac{\partial u_\theta}{\partial r} - \frac{u_\theta}{r} = 0
$$

由上述第一式积分可得

$$
u_r = \frac{1}{E}\left[-(1+\nu)\frac{A}{r} + (1-3\nu)Br + 2(1-\nu)Br(\ln r - 1) + 2(1-\nu)Cr\right] + f(\theta)
$$

式中, $f(\theta)$ 是 $\theta$ 的任意函数.

将上述公式代入第二式得到

$$
\frac{\partial u_\theta}{\partial \theta} = \frac{4Br}{E} - f(\theta)
$$

将上述公式积分后可得到

$$
u_\theta = \frac{4Br\theta}{E} - \int f(\theta)\,\mathrm{d}\theta + g(r)
$$

式中, $g(\theta)$ 是 $r$ 的任意函数.

再将上述 $u_r$ 和 $u_\theta$ 代入第三式得

$$
\frac{1}{r}\frac{\mathrm{d}f(\theta)}{\mathrm{d}\theta} + \frac{\mathrm{d}g(r)}{\mathrm{d}r} - \frac{g(r)}{r} + \frac{1}{r}\int f(\theta)\,\mathrm{d}\theta = 0
$$

将上式分开变量可以变为

$$
g(r) - r\frac{\mathrm{d}g(r)}{\mathrm{d}r} = \frac{\mathrm{d}f(\theta)}{\mathrm{d}\theta} + \int f(\theta)\,\mathrm{d}\theta
$$

此方程左右边分别是 $r$ 和 $\theta$ 的函数, 所以只能两边都为常数, 则

$$g(r) - r\frac{\mathrm{d}g(r)}{\mathrm{d}r} = F$$

$$\frac{\mathrm{d}f(\theta)}{\mathrm{d}\theta} + \int f(\theta)\,\mathrm{d}\theta = F$$

式中第一式的解答是

$$g(r) = Hr + F$$

式中 $H$ 是任意常数. 另外将第二式求一阶导数可变为微分方程为

$$\frac{\mathrm{d}^2 f(\theta)}{\mathrm{d}\theta^2} + f(\theta) = 0$$

而它的通解为

$$f(\theta) = I\sin\theta + K\cos\theta$$

所以

$$\int f(\theta)\,\mathrm{d}\theta = F - \frac{\mathrm{d}f(\theta)}{\mathrm{d}\theta} = F - I\cos\theta + K\sin\theta$$

最后可以得到轴对称应力状态下对应的位移分量计算公式:

$$\begin{cases} u_r = \dfrac{1}{E}\left[-(1+\nu)\dfrac{A}{r} + (1-3\nu)Br + 2(1-\nu)Br(\ln r - 1) + 2(1-\nu)Cr\right] \\ \qquad + I\sin\varphi + K\cos\varphi \\ \\ u_\theta = \dfrac{4Br\theta}{E} + Hr + I\cos\theta - K\sin\theta \end{cases}$$

$$(4.23)$$

式中, $A, B, C, H, I, K$ 都是待定常数, 可由边界条件来确定.

式 (4.23) 表示, 应力轴对称并不表示位移也是轴对称的. 但在轴对称应力情况下, 如果物体的几何形状和受力 (或几何约束) 也是轴对称的, 则位移也是轴对称的. 这时, 物体内各点都不会有环向位移, 即 $u_\theta = 0$, 由此可得

$$B = H = I = K = 0.$$

对于平面应变问题, 只需将上述公式中的 $E$ 换成 $\dfrac{E}{1-\nu^2}$, $\nu$ 换成 $\dfrac{\nu}{1-\nu}$ 即可.

### 4.1.3　求解算例

**例 4.1**　圆环或圆筒受均布压力.

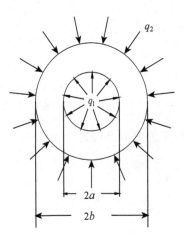

图 4.4　圆环或圆筒受均布压力

设有圆环或圆筒内半径为 $a$, 外半径为 $b$, 其内外壁分别受到均匀分布的压力 $q_1$ 和 $q_2$ 作用, 如图 4.4 所示. 显然其应力分布时轴对称的, 如果不考虑体力, 其位移也是轴对称的. 因此, 取应力分量表达式, 根据应力边界条件确定待定常数.

内外面的应力边界条件为

$$(\sigma_r)_{r=a} = -q_1, \quad (\sigma_r)_{r=b} = -q_2$$

由此可以得到

$$\frac{A}{a^2} + B(1 + 2\ln a) + 2C = -q_1$$

$$\frac{A}{b^2} + B(1 + 2\ln b) + 2C = -q_2$$

由于轴对称应力情况下, 对于圆环或圆筒, 其几何形状和受力都轴对称, 因此其位移也是轴对称的, 这时圆环或圆筒内各点都不会有环向位移, 因此 $u_\theta = 0$, 位移分量计算公式中 $B = H = I = K = 0$, 所以上式可简化为

$$\frac{A}{a^2} + 2C = -q_1$$

$$\frac{A}{b^2} + 2C = -q_2$$

由此

$$A = \frac{a^2 b^2 (q_2 - q_1)}{b^2 - a^2}, \quad C = \frac{a^2 q_1 - b^2 q_2}{2(b^2 - a^2)}$$

所以圆环或圆筒受均布压力的应力解答结果为

$$\begin{cases} \sigma_r = \dfrac{a^2 b^2}{b^2 - a^2} \dfrac{q_2 - q_1}{r^2} + \dfrac{a^2 q_1 - b^2 q_2}{b^2 - a^2} \\ \sigma_\theta = -\dfrac{a^2 b^2}{b^2 - a^2} \dfrac{q_2 - q_1}{r^2} + \dfrac{a^2 q_1 - b^2 q_2}{b^2 - a^2} \\ \tau_{r\theta} = \tau_{\theta r} = 0 \end{cases} \tag{4.24}$$

根据以上计算公式, 如果只有内压力 $q_1$, 即 $q_2 = 0$, 此时

$$\sigma_r = \frac{a^2 q_1}{b^2 - a^2}\left(1 - \frac{b^2}{r^2}\right), \quad \sigma_\theta = \frac{a^2 q_1}{b^2 - a^2}\left(1 + \frac{b^2}{r^2}\right)$$

显然 $\sigma_r < 0$, 而 $\sigma_\theta > 0$, 即 $\sigma_r$ 总是压应力, 而 $\sigma_\theta$ 总是拉应力.

如果只有外压力 $q_2$, 即 $q_1 = 0$, 此时

$$\sigma_r = -\frac{b^2 q_2}{b^2 - a^2}\left(1 - \frac{a^2}{r^2}\right), \quad \sigma_\theta = -\frac{b^2 q_2}{b^2 - a^2}\left(\frac{a^2}{r^2} + 1\right)$$

由于在计算应力时未用到材料参数, 故圆环和圆筒的应力相同.

**例 4.2** 厚壁圆筒受均布压力问题理论解与有限元数值解的对比分析.

若取例 4.1 中圆筒的内直径为 0.5m, 外直径为 1m, 弹性模量为 $2 \times 10^5$MPa, 泊松比为 0.3, 受均布内压 10MPa, 均布外压 5MPa. 计算采用 ABAQUS 有限元分析软件进行分析, 按平面应变问题考虑, 取 1/4 结构计算, 选用八节点等参单元, 其有限元网格剖分图如图 4.5 所示.

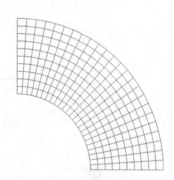

图 4.5 平面八节点等参元网格剖分图

将计算所得应力分量列于表 4.1, 绘于图 4.6 和图 4.7, 并将应力云图绘于图 4.8 和图 4.9.

**表 4.1 厚壁圆筒的应力分布**(单位: MPa)

| 位置 $r$/m | 0.5250 | 0.6250 | 0.7250 | 0.8250 | 0.9250 |
|---|---|---|---|---|---|
| 理论解 $\sigma_r$ | −9.3802 | −7.6000 | −6.5042 | −5.7821 | −5.2812 |
| 数值解 $\sigma_r$ | −9.4065 | −7.6150 | −6.5130 | −5.7878 | −5.2851 |
| 理论解 $\sigma_\theta$ | 2.7135 | 0.9333 | −0.1625 | −0.8846 | −1.3854 |
| 数值解 $\sigma_\theta$ | 2.7028 | 0.9269 | −0.1663 | −0.8871 | −1.3871 |

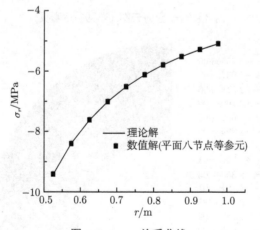

图 4.6 $r$-$\sigma_r$ 关系曲线

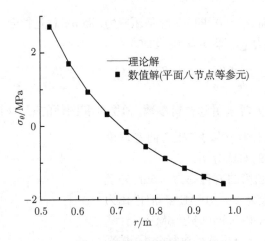

图 4.7    $r$-$\sigma_\theta$ 关系曲线

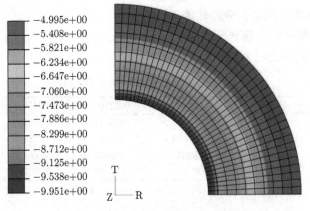

图 4.8    $\sigma_r$ 应力云图 (详见书后彩页)

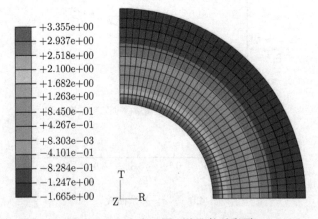

图 4.9    $\sigma_\theta$ 应力云图 (详见书后彩页)

从表 4.1 及图 4.6 和图 4.7 可以看出, 数值解与理论解相吻合, 从而验证了理论解的正确性. 应力云图可以看出, 由于该问题为平面轴对称问题, 应力分量均与 $\theta$ 无关.

**例 4.3** 压力隧洞.

压力隧洞是厚壁圆筒埋在无限大弹性体内, 受有均布内压力 $q$ 作用, 如图 4.10 所示, 由于圆筒和无限大弹性体的材料性质 (弹性模量和泊松比) 不同, 不符合弹性力学均匀性假定, 所以需要分别表示其应力分布.

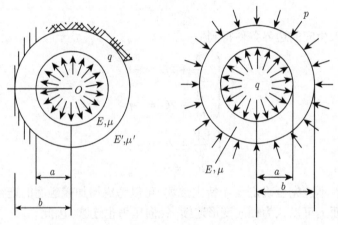

图 4.10 压力隧洞问题

设圆筒内外半径分别为 $a, b$, 在 $r = b$ 的外环与无限大的弹性体接触, 显然圆筒和无限大弹性体的应力分布都是轴对称的, 可分为受内外压力的厚壁圆筒轴对称问题和仅受内压作用的无限大弹性体的轴对称问题, 可以分别利用轴对称应力公式和相应的位移计算公式, 但对应的常数项应该不同, 设对于圆筒常系数取为 $A, B, C$, 无限大弹性体取常系数 $A', B', C'$, 并且由位移单值条件知 $B = B' = 0$. 则应力分量对两部分有不同的表达式分别如下.

对于圆筒:

$$\begin{cases} \sigma_r = \dfrac{A}{r^2} + 2C \\ \sigma_\theta = -\dfrac{A}{r^2} + 2C \\ \tau_{r\theta} = 0 \end{cases}$$

对于无限大弹性体:

$$\begin{cases} \sigma'_r = \dfrac{A'}{r^2} + 2C' \\ \sigma'_\theta = -\dfrac{A'}{r^2} + 2C' \\ \tau'_{r\theta} = 0 \end{cases}$$

通过考虑边界条件来确定常数系数.

首先根据圆筒的内外表面, 其边界条件为

$$\begin{cases} \sigma_{r(r=a)} = -q \\ \sigma_{r(r=b)} = -p \end{cases}$$

在远离圆筒处按照圣维南原理, 应力几乎为零, 相应的边界条件为

$$\begin{cases} \sigma'_{r(r=b)} = -p \\ \sigma'_{r(r=\infty)} = 0 \end{cases}$$

将其代入相应的边界条件得到

$$\begin{cases} \dfrac{A}{a^2} + 2C = -q \\ \dfrac{A}{b^2} + 2C = -p \end{cases}$$

$$\begin{cases} \dfrac{A'}{b^2} + 2C = -p \\ 2C' = 0 \end{cases}$$

上述条件不能完全确定 4 个待定常数, 可以考虑增加接触面的连续条件.

在接触面上可以认为径向变形连续, 径向压力也连续, 因此

$$\begin{cases} u_{r(r=b)} = u'_{r(r=b)} \\ \sigma_{r(r=b)} = \sigma'_{r(r=b)} \end{cases}$$

由于是平面应变问题, 而且 $B = 0$, 则圆筒和无限大弹性体的径向位移表示式为

$$\begin{cases} u_r = \dfrac{1-\nu^2}{E}\left[-\left(1+\dfrac{\nu}{1-\nu}\right)\dfrac{A}{r} + 2\left(1-\dfrac{\nu}{1-\nu}\right)Cr\right] + I\cos\theta + K\sin\theta \\ u'_r = \dfrac{1-\nu'^2}{E'}\left[-\left(1+\dfrac{\nu'}{1-\nu'}\right)\dfrac{A'}{r} + 2\left(1-\dfrac{\nu'}{1-\nu'}\right)C'r\right] + I'\cos\theta + K'\sin\theta \end{cases}$$

通过整理简化:

$$\begin{cases} u_r = \dfrac{1+\nu}{E}\left[2(1-2\nu)Cr - \dfrac{A}{r}\right] + I\cos\theta + K\sin\theta \\ u'_r = \dfrac{1+\nu'}{E'}\left[2(1-2\nu')C'r - \dfrac{A'}{r}\right] + I'\cos\theta + K'\sin\theta \end{cases}$$

由于 $u_{r(r=b)} = u'_{r(r=b)}$, 即

$$\dfrac{1+\nu}{E}\left[2(1-2\nu)Cb - \dfrac{A}{b}\right] + I\cos\theta + K\sin\theta$$

$$= \frac{1+\nu'}{E'}\left[2(1-2v')C'b - \frac{A'}{b}\right] + I'\cos\theta + K'\sin\theta$$

由于上述条件在接触面上任意点都满足, 所以两端的自由项必须相等, 则

$$\frac{1+\nu}{E}\left[2(1-2\nu)Cb - \frac{A}{b}\right] = \frac{1+\nu'}{E'}\left[2(1-2\nu')C'b - \frac{A'}{b}\right]$$

所以有

$$n\left[2(1-2\nu)C - \frac{A}{b^2}\right] + \frac{A'}{b^2} = 0$$

式中 $n = \dfrac{E'(1+\nu)}{E(1+\nu')}$.

求出常数系数后, 可以得到圆筒和无限大弹性体的应力分量计算公式为

$$\begin{cases}
\sigma_r = -q\dfrac{[1+(1-2\nu)n]\dfrac{b^2}{r^2} - (1-n)}{[1+(1-2\nu)n]\dfrac{b^2}{a^2} - (1-n)} \\[4mm]
\sigma_\theta = q\dfrac{[1+(1-2\nu)n]\dfrac{b^2}{r^2} + (1-n)}{[1+(1-2\nu)n]\dfrac{b^2}{a^2} - (1-n)} \\[4mm]
\sigma_r' = -\sigma_\theta' = -q\dfrac{2(1-\nu)n\dfrac{b^2}{r^2}}{[1+(1-2\nu)n]\dfrac{b^2}{a^2} - (1-n)}
\end{cases} \tag{4.25}$$

当 $n < 1$ 时, 应力分布大致如图 4.11 所示.

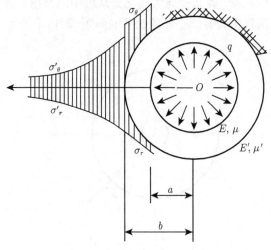

图 4.11　压力隧洞的应力分布

根据以上计算结果, 由于是轴对称问题, 在 $r = a$ 面上的切应力等于零的边界条件和 $r = b$ 面上的环向应力和位移接触条件都是自然满足的.

**例 4.4**　圆孔的孔口应力集中.

实际工程中有一些结构存在小孔, 小孔附近的应力远大于无孔时的应力, 也远大于距离小孔较远的其他区域的应力, 这是一种孔口应力集中现象. 这种应力集中现象不是简单由于孔口导致截面面积减小而引起, 而是由于开孔后在弹性体局部范围内发生的应力扰动所引起. 孔口应力集中程度可以用孔口最大应力与无孔时的应力比值来反映, 一般孔口应力集中程度比较高, 所以在结构设计中需要注意其影响.

分析孔口周围的应力分布, 显然可以采用极坐标来解答, 设有矩形板在离开边界较远处有半径为 $a$ 的小圆孔, 板的边长 $B$ 远大于孔半径 $a$, 板的两端受有均匀拉力 $q$, 如图 4.12 所示.

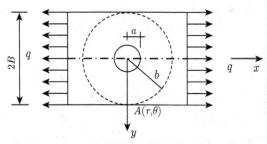

图 4.12　具有孔口的无限大矩形薄板水平受拉情况

为分析孔边的应力, 以孔的中心为坐标原点, 以远大于 $a$ 的长度 $b$ 为半径作一大圆, 如图 4.13 虚线所示. 假想把此大圆部分从板中隔离出来成为一个圆环, 则原问题转化为无限大圆板中间有一小孔的圆孔的问题, 即内半径为 $a$ 而外半径为 $b$ 的圆环.

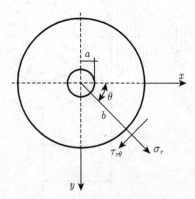

图 4.13　变为圆形边界条件

其边界条件为

内边界：$\begin{cases} \sigma_{r(r=a)} = 0, \\ \tau_{r\theta(r=a)} = 0, \end{cases}$ 外边界：$\begin{cases} \sigma_{r(r=b)} = \dfrac{q}{2} + \dfrac{q}{2}\cos 2\theta \\ \tau_{r\theta(r=b)} = -\dfrac{q}{2}\sin 2\theta \end{cases}$

外边界可以分为两部分来考虑, 即

$$\begin{cases} \sigma_{r(r=b)} = \dfrac{q}{2} + \dfrac{q}{2}\cos 2\theta, \\ \tau_{r\theta(r=b)} = -\dfrac{q}{2}\sin 2\theta \end{cases} = \begin{cases} \sigma_{r(r=b)} = \dfrac{q}{2}, \\ \tau_{r\theta(r=b)} = 0 \end{cases} + \begin{cases} \sigma_{r(r=b)} = \dfrac{q}{2}\cos 2\theta \\ \tau_{r\theta(r=b)} = -\dfrac{q}{2}\sin 2\theta \end{cases}$$

可分别采用图 4.14 表示其边界条件:

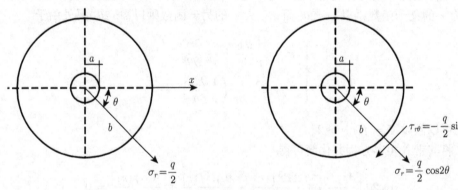

图 4.14   等效为两个圆环受力问题

因此, 对于第一部分其边界条件可写为

内边界：$\begin{cases} \sigma_{r(r=a)} = 0, \\ \tau_{r\theta(r=a)} = 0, \end{cases}$ 外边界：$\begin{cases} \sigma_{r(r=b)} = \dfrac{q}{2} \\ \tau_{r\theta(r=b)} = 0 \end{cases}$

这样根据轴对称问题, 按式 (4.24), 第一部分的解答为

$$\sigma_r = -\frac{b^2 q_2}{b^2 - a^2}\left(1 - \frac{a^2}{r^2}\right), \quad \sigma_\theta = -\frac{b^2 q_2}{b^2 - a^2}\left(\frac{a^2}{r^2} + 1\right)$$

$$\begin{cases} \sigma_r = \dfrac{b^2}{b^2 - a^2}\left(1 - \dfrac{a^2}{r^2}\right)\dfrac{q}{2} \\ \sigma_\theta = \dfrac{b^2}{b^2 - a^2}\left(1 + \dfrac{a^2}{r^2}\right)\dfrac{q}{2} \\ \tau_{r\theta} = 0 \end{cases}$$

当 $b \gg a$ 时, 可简化为

$$\begin{cases} \sigma_r = \left(1 - \dfrac{a^2}{r^2}\right)\dfrac{q}{2} \\[2mm] \sigma_\theta = \left(1 + \dfrac{a^2}{r^2}\right)\dfrac{q}{2} \\[2mm] \tau_{r\theta} = 0 \end{cases}$$

对于第二部分其边界条件可写为

内边界: $\begin{cases} \sigma_{r(r=a)} = 0, \\ \tau_{r\theta(r=a)} = 0, \end{cases}$　　外边界: $\begin{cases} \sigma_{r(r=b)} = \dfrac{q}{2}\cos 2\theta \\[2mm] \tau_{r\theta(r=b)} = -\dfrac{q}{2}\sin 2\theta \end{cases}$

该问题为非轴对称问题, 但可由半逆解法来分析, 由上述边界条件, 可以假设 $\sigma_r$ 为 $r$ 的某一函数乘以 $\cos 2\theta$, 而 $\tau_{r\theta}$ 为 $r$ 的另一函数乘以 $\sin 2\theta$. 另外由于

$$\begin{cases} \sigma_r = \dfrac{1}{r}\dfrac{\partial \Phi}{\partial r} + \dfrac{1}{r^2}\dfrac{\partial^2 \Phi}{\partial \theta^2} \\[3mm] \tau_{r\theta} = -\dfrac{\partial}{\partial r}\left(\dfrac{1}{r}\dfrac{\partial \Phi}{\partial \theta}\right) \end{cases}$$

因此可以假设 $\Phi = f(r)\cos 2\theta$.

将其带入相容方程并化简可得

$$\cos 2\theta \left[\frac{\mathrm{d}^4 f(r)}{\mathrm{d}r^4} + \frac{2}{r}\frac{\mathrm{d}^3 f(r)}{\mathrm{d}r^3} - \frac{9}{r^2}\frac{\mathrm{d}^2 f(r)}{\mathrm{d}r^2} + \frac{9}{r^3}\frac{\mathrm{d}f(r)}{\mathrm{d}r}\right] = 0$$

方程的解为

$$f(r) = Ar^4 + Br^2 + C + \frac{D}{r^2}$$

所以应力函数 $\Phi = \left(Ar^4 + Br^2 + C + \dfrac{D}{r^2}\right)\cos 2\theta$.

再将应力函数 $\Phi$ 代入极坐标的应力分量公式得到

$$\begin{cases} \sigma_r = \dfrac{1}{r}\dfrac{\partial \Phi}{\partial r} + \dfrac{1}{r^2}\dfrac{\partial^2 \Phi}{\partial \theta^2} = -\left(2B + \dfrac{4C}{r^2} + \dfrac{6D}{r^4}\right)\cos 2\theta \\[3mm] \sigma_\theta = \dfrac{\partial^2 \Phi}{\partial r^2} = \left(12Ar^2 + 2B + \dfrac{6D}{r^4}\right)\cos 2\theta \\[3mm] \tau_{r\theta} = -\dfrac{\partial}{\partial r}\left(\dfrac{1}{r}\dfrac{\partial \Phi}{\partial \theta}\right) = \left(6Ar^2 + 2B - \dfrac{2C}{r^2} - \dfrac{6D}{r^4}\right)\sin 2\theta \end{cases}$$

由于 $b \gg a$, 所以令 $a/b = 0$, 则

$$A = 0, \quad B = -\frac{q}{4}, \quad C = qa^2, \quad D = -\frac{qa^4}{4}$$

得到应力分量为

$$
\begin{cases}
\sigma_r = \dfrac{q}{2}\left(1-\dfrac{a^2}{r^2}\right)\left(1-\dfrac{3a^2}{r^2}\right)\cos 2\theta \\[3mm]
\sigma_\theta = -\dfrac{q}{2}\left(1+\dfrac{3a^4}{r^4}\right)\cos 2\theta \\[3mm]
\tau_{r\theta} = \tau_{\theta r} = -\dfrac{q}{2}\left(1-\dfrac{a^2}{r^2}\right)\left(1+\dfrac{3a^2}{r^2}\right)\sin 2\theta
\end{cases}
$$

最后叠加两部分的应力得到最终的解答结果:

$$
\begin{cases}
\sigma_r = \dfrac{q}{2}\left(1-\dfrac{a^2}{r^2}\right)+\dfrac{q}{2}\left(1-\dfrac{a^2}{r^2}\right)\left(1-\dfrac{3a^2}{r^2}\right)\cos 2\theta \\[3mm]
\sigma_\theta = \dfrac{q}{2}\left(1+\dfrac{a^2}{r^2}\right)-\dfrac{q}{2}\left(1+\dfrac{3a^4}{r^4}\right)\cos 2\theta \\[3mm]
\tau_{r\theta} = \tau_{\theta r} = -\dfrac{q}{2}\left(1-\dfrac{a^2}{r^2}\right)\left(1+\dfrac{3a^2}{r^2}\right)\sin 2\theta
\end{cases}
\tag{4.26}
$$

式 (4.26) 称为基尔斯解.

应力集中问题关键是要考虑孔边的应力情况, 不同位置的应力不同:

(1) 沿孔边, $r=a$, 环向正应力 $\sigma_\theta = q(1-2\cos 2\theta)$, 应力分布如图 4.15 所示.

(2) 沿 $y$ 轴, $\theta = 90°$, 环向正应力 $\sigma_\theta = q\left(1+\dfrac{a^2}{2r^2}+\dfrac{3a^4}{2r^4}\right)$, 应力分布如图 4.15 所示.

(3) 沿 $x$ 轴, $\theta = 0$, 环向正应力 $\sigma_\theta = -\dfrac{q}{2}\dfrac{a^2}{r^2}\left(\dfrac{3a^2}{r^2}-1\right)$, 应力分布如图 4.15 所示.

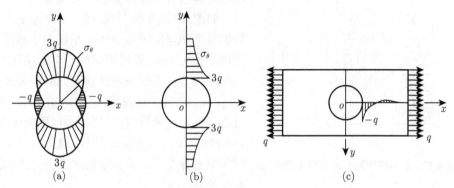

图 4.15  具有孔口的矩形板水平受力情况下的应力分布示意图

如果矩形薄板在左右两边受有均布拉力 $q_1$, 在上下两边受有均布拉力 $q_2$, 如图 4.16 所示, 则可以将荷载分成两部分: $x$ 向单向受拉力 $q_1$ 和 $y$ 向单向受拉力 $q_2$.

其结果可表示为两部分的基尔斯应力解的叠加.

$$
\begin{cases}
\sigma_r = \dfrac{q_1+q_2}{2}\left(1-\dfrac{a^2}{r^2}\right) + \dfrac{q_1-q_2}{2}\left(1-\dfrac{a^2}{r^2}\right)\left(1-\dfrac{3a^2}{r^2}\right)\cos 2\theta \\[3mm]
\sigma_\theta = \dfrac{q_1+q_2}{2}\left(1+\dfrac{a^2}{r^2}\right) - \dfrac{q_1-q_2}{2}\left(1+\dfrac{3a^4}{r^4}\right)\cos 2\theta \\[3mm]
\tau_{r\theta} = \tau_{\theta r} = -\dfrac{q_1-q_2}{2}\left(1-\dfrac{a^2}{r^2}\right)\left(1+\dfrac{3a^2}{r^2}\right)\sin 2\theta
\end{cases}
\tag{4.27}
$$

　　根据以上所述, 对于任意形状的薄板或长柱, 当受有任意的面力, 而在距离边界较远的地方有一小圆孔, 那么只要有了无孔时的应力解答结果, 也就可以利用上述的办法计算孔边的应力, 分析其应力集中程度, 从而为实际工程提供科学的参考依据.

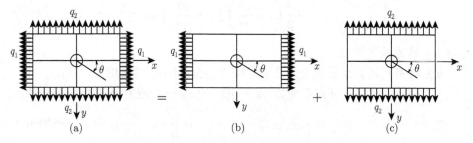

图 4.16　具有孔口的矩形薄板双向受力情况

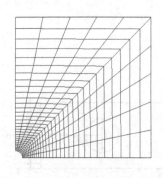

图 4.17　1/4 结构的有限元网格剖分图

　　**例 4.5**　无限大平板中孔口应力集中问题理论解与有限元数值解的对比分析.

　　如图 4.12 所示, 若取例 4.4 中无限大平板的长度和宽度均为 200m, 平板中小圆形孔洞的半径为 5m, 弹性模量为 $2.1 \times 10^5$MPa, 泊松比为 0.3, 平板左右两端受到的均布拉力为 $q = 100$N/m. 计算采用 ABAQUS 有限元分析软件进行分析, 按平面应力问题考虑, 取 1/4 结构 (100m×100m) 计算, 选用八节点减缩积分等参单元, 其有限元网格剖分图如图 4.17 所示.

　　将计算所得应力分量列于表 4.2～ 表 4.3, 绘于图 4.18～ 图 4.20, 并将环向正应力 $\sigma_\theta$ 的分布云图绘于图 4.21, 将水平正应力 $\sigma_x$ 的分布云图绘于图 4.22.

表 4.2 沿孔边环向正应力 $\sigma_\theta$ 的分布(单位: Pa)

| $\theta$/rad | 0 | 0.314 | 0.627 | 0.942 | 1.256 | 1.571 |
|---|---|---|---|---|---|---|
| 理论解 $\sigma_\theta$ | −100 | −61.9358 | 37.8491 | 161.4559 | 261.6703 | 300 |
| 数值解 $\sigma_\theta$ | −99.7893 | −60.9621 | 39.0838 | 160.633 | 261.109 | 300.09 |

表 4.3 沿 $x$ 轴环向正应力 $\sigma_\theta$ 的分布(单位: Pa)

| $x$ /m | 5.00719 | 9.71937 | 15.0963 | 24.7278 | 39.0538 | 55.3983 |
|---|---|---|---|---|---|---|
| 理论解 $\sigma_\theta$ | −99.2838 | 2.7267 | 3.6799 | 1.7935 | 0.7793 | 0.3973 |
| 数值解 $\sigma_\theta$ | −99.7893 | 2.94124 | 3.6948 | 1.66311 | 0.67372 | 0.45738 |

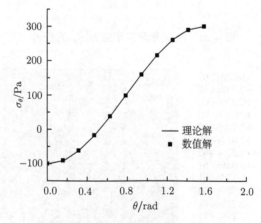

图 4.18 沿孔边环向正应力 $\sigma_\theta$ 的分布

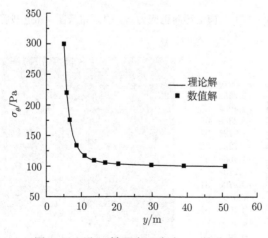

图 4.19 沿 $y$ 轴环向正应力 $\sigma_\theta$ 的分布

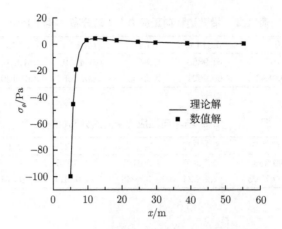

图 4.20　沿 $x$ 轴环向正应力 $\sigma_\theta$ 的分布

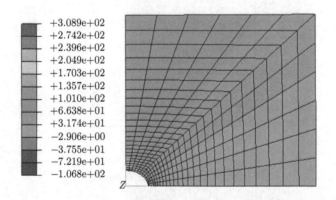

图 4.21　1/4 结构上环向正应力 $\sigma_\theta$ 的分布云图 (详见书后彩页)

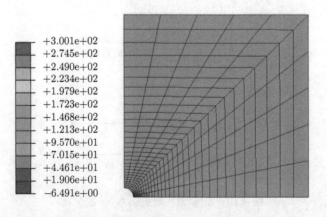

图 4.22　1/4 结构上水平正应力 $\sigma_x$ 的分布云图 (详见书后彩页)

从表 4.2 和表 4.3 及图 4.18~ 图 4.20 可以看出, 数值解与理论解相吻合, 从而验证了理论解的正确性. 应力云图 4.21 可以看出, 在 $x=0$, $y=5$m 处孔口附近的极坐标应力分量 $\sigma_\theta$ 出现应力集中现象, 到达了水平拉伸应力 100Pa 的三倍.

若采用直角坐标表示应力, 则从 $\sigma_x$ 的应力云图 4.22 可见, 在 $x=0$, $y=5$m 处孔口附近的应力 $\sigma_x$ 出现应力集中现象, 而在远离孔口的地方水平正应力均为 100Pa 或接近 100Pa, 在孔口处 $(x=0, y=5$m$)$ 水平正应力值到达了远离孔口处水平拉伸应力的三倍.

## 4.2 空间柱坐标系下的求解方法

工程中有大量的轴对称结构或构件, 如烟筒、水塔、地基桩等. 若结构或构件的几何形状、荷载分布和约束条件都具有轴对称性, 称为空间轴对称问题. 而当几何形状、荷载和约束均沿轴向保持不变时, 也可简化为平面轴对称问题处理. 否则, 必须按空间轴对称力学问题计算. 对于轴对称体受非对称荷载, 如风荷载或地震荷载, 以及上述的空间轴对称问题, 采用柱坐标系分析、计算比较方便. 一些大型有限元程序也有柱坐标系计算功能. 为此, 本节将给出柱坐标系下的弹性力学基本方程, 并给出一些弹性力学空间问题的求解方法.

### 4.2.1 柱坐标系基本方程

柱坐标系下弹性力学问题的求解, 先要建立柱坐标系下的基本方程, 然后再进行求解.

柱坐标系如图 4.23 所示. 在本节中柱坐标系下的基本方程均通过坐标变换的方法从空间直角坐标系变换得到. 柱坐标变量 $(r, \theta, z)$ 与笛卡儿坐标系坐标变量 $(x, y, z)$ 之间的关系为

$$x = r\cos\theta, \quad y = r\sin\theta, \quad z = z \tag{4.28}$$

式 (4.28) 进一步表示为

$$x^2 + y^2 = r^2, \quad \frac{y}{x} = \tan\theta$$

柱坐标与直角坐标偏导数之间的关系为

$$\begin{aligned}
&\frac{\partial r}{\partial x} = \cos\theta, \quad &&\frac{\partial \theta}{\partial x} = -\frac{1}{r}\sin\theta, \quad &&\frac{\partial z}{\partial x} = 0 \\
&\frac{\partial r}{\partial y} = \sin\theta, \quad &&\frac{\partial \theta}{\partial y} = -\frac{1}{r}\cos\theta, \quad &&\frac{\partial z}{\partial y} = 0 \\
&\frac{\partial r}{\partial z} = 0, \quad &&\frac{\partial \theta}{\partial z} = 0, \quad &&\frac{\partial z}{\partial z} = 1
\end{aligned} \tag{4.29a}$$

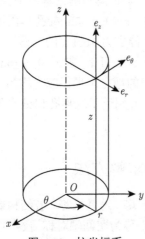

图 4.23　柱坐标系

(1) 平衡方程.

柱坐标系的平衡方程可以仿照直角坐标系平衡方程的推导办法从柱坐标系的微元体的平衡推导出来, 也可利用张量转换公式直接从直角坐标系下的平衡方程变换得到, 本书采用后者.

柱坐标系下的应力分量 $\sigma_r, \sigma_\theta, \sigma_z, \tau_{r\theta}$, $\tau_{\theta z}, \tau_{zr}$ 与笛卡儿坐标系下的应力分量 $\sigma_x$, $\sigma_y, \sigma_z, \tau_{xy}, \tau_{yz}, \tau_{zx}$ 之间的关系通过两坐标之间的张量转换关系式 (2.34) 得到. 设柱坐标系为旧坐标系, 直角坐标系为新坐标系, 先将直角坐标系下的应力分量用柱坐标系的应力分量表示, 其中两坐标系基矢量之间的方向余弦为

$$l_{xr} = \cos(e_x, e_r) = \cos\theta, \quad l_{yr} = \cos(e_y, e_r) = \sin\theta, \quad l_{zr} = \cos(e_z, e_r) = 0$$
$$l_{x\vartheta} = \cos(e_x, e_\theta) = -\sin\theta, \quad l_{y\theta} = \cos(e_y, e_\theta) = \cos\theta, \quad l_{z\theta} = \cos(e_z, e_\theta) = 0$$
$$l_{xz} = \cos(e_x, e_z) = 0, \quad l_{yz} = \cos(e_y, e_z) = 0, \quad l_{zz} = \cos(e_z, e_z) = 1 \tag{4.29b}$$

将式 (4.29b) 代入张量转换公式 (2.36), 并注意: 假设柱坐标系为旧坐标系, 直角坐标系为新坐标系, 则可将直角坐标系下的应力分量用柱坐标系的应力分量表示:

$$\sigma_x = \sigma_r \cos^2\theta + \sigma_\theta \sin^2\theta - \tau_{r\theta} \sin 2\theta$$
$$\sigma_y = \sigma_r \sin^2\theta + \sigma_\theta \cos^2\theta + \tau_{r\theta} \sin 2\theta$$
$$\sigma_z = \sigma_z$$
$$\tau_{xy} = (\sigma_r - \sigma_\theta) \cos\theta \sin\theta + \tau_{r\theta} \cos 2\theta \tag{4.30}$$
$$\tau_{yz} = \tau_{zr} \sin\theta + \tau_{\theta z} \cos\theta$$
$$\tau_{xz} = \tau_{zr} \cos\theta - \tau_{\theta z} \sin\theta$$

根据矢量的转换公式 (2.31), 可将柱坐标系下的体积力转化为直角坐标系下的体积力. 为此, 将式 (4.29b) 代入上面矢量转换公式, 并注意: 假设柱坐标系为旧坐标系, 直角坐标系为新坐标系, 则可将直角坐标系下的体积力分量用柱坐标系的体积力分量表示:

$$F_x = F_r \cos\theta - F_\theta \sin\theta$$
$$F_y = F_r \sin\theta + F_\theta \cos\theta \tag{4.31}$$

$$F_z = F_z$$

将式 (4.29a) 和 (4.31) 代入直角坐标系的平衡方程式 (3.1a~c), 注意导数关系式 (4.29), 可推导得到柱坐标系下的平衡方程

$$\frac{\partial \sigma_r}{\partial r} + \frac{1}{r}\frac{\partial \tau_{r\theta}}{\partial \theta} + \frac{\sigma_r - \sigma_\theta}{r} + \frac{\partial \tau_{zr}}{\partial z} + F_r = 0$$

$$\frac{\partial \tau_{r\theta}}{\partial r} + \frac{1}{r}\frac{\partial \sigma_\theta}{\partial \theta} + \frac{2\tau_{r\theta}}{r} + \frac{\partial \tau_{\theta z}}{\partial z} + F_\theta = 0 \qquad (4.32)$$

$$\frac{\partial \tau_{rz}}{\partial r} + \frac{1}{r}\frac{\partial \tau_{\theta z}}{\partial \theta} + \frac{2\tau_{rz}}{r} + \frac{\partial \sigma_z}{\partial z} + F_z = 0$$

(2) 几何方程.

柱坐标系下的几何方程可以采用与直角坐标系推导几何方程相同的方法, 通过建立各个方向上的位移和变形的关系得到, 也可直接通过坐标变换将直角坐标系下的几何方程变换为柱坐标系的几何方程. 本书采用直接变换的方法, 得到柱坐标系的几何方程.

在柱坐标系下, 位移分量 $u_r, u_\theta, u_z$ 和应变分量 $\varepsilon_r, \varepsilon_\theta, \varepsilon_z, \varepsilon_{r\theta}, \varepsilon_{\theta z}, \varepsilon_{zr}$ 与笛卡儿坐标系下的位移和应变分量之间的转换关系, 可以仿照上面推导柱坐标系平衡方程的方法, 通过利用张量转换公式和矢量转换公式将直角坐标系下的几何方程 (3.4) 变换为柱坐标系下的几何方程

$$\varepsilon_r = \frac{\partial u_r}{\partial r}, \quad \varepsilon_\theta = \frac{u_r}{r} + \frac{1}{r}\frac{\partial u_\theta}{\partial \theta}, \quad \varepsilon_z = \frac{\partial u_z}{\partial z}$$

$$\gamma_{r\theta} = \frac{1}{r}\frac{\partial u_r}{\partial \theta} + \frac{\partial u_\theta}{\partial r} - \frac{u_\theta}{r}, \quad \gamma_{\theta z} = \frac{\partial u_\theta}{\partial z} + \frac{1}{r}\frac{\partial u_z}{\partial \theta}, \quad \gamma_{zr} = \frac{\partial u_z}{\partial r} + \frac{\partial u_r}{\partial z} \qquad (4.33)$$

推导时注意: $\gamma_{r\theta} = 2\varepsilon_{r\theta}, \gamma_{\theta z} = 2\varepsilon_{\theta z}, \gamma_{zr} = 2\varepsilon_{zr}.$

(3) 物理方程.

在各向同性弹性体中, 不同的正交坐标系下本构方程不变化. 所以, 柱坐标系中的物理方程与直角坐标系中的形式相同, 只需按顺序更换其下标即可:

$$\varepsilon_r = \frac{\sigma_r}{E} - \nu\left(\frac{\sigma_\theta}{E} + \frac{\sigma_z}{E}\right), \quad \varepsilon_\theta = \frac{\sigma_\theta}{E} - \nu\left(\frac{\sigma_r}{E} + \frac{\sigma_z}{E}\right), \quad \varepsilon_z = \frac{\sigma_z}{E} - \nu\left(\frac{\sigma_\theta}{E} + \frac{\sigma_r}{E}\right)$$

$$\gamma_{r\theta} = \frac{\tau_{r\theta}}{G}, \quad \gamma_{\theta z} = \frac{\tau_{\theta z}}{G}, \quad \gamma_{zr} = \frac{\tau_{zr}}{G} \qquad (4.34)$$

### 4.2.2  轴对称问题的基本方程

正如前面所述, 若空间弹性体的几何形状, 外力分布和约束条件都对于某一直线对称, 即通过该直线的任意平面都是对称面, 则该直线为空间对称轴, 该弹性体内的位移、应力和应变必然对称于该对称轴, 这类问题称为空间轴对称问题.

空间轴对称问题宜采用柱坐标系求解. 若取坐标轴 $z$ 为对称轴, 由对称性可知弹性体内的位移、应力和应变与 $\theta$ 角无关, 均是 $r, z$ 的函数. 其中, $u_\theta = 0$.

根据柱坐标系的几何方程式 (4.33), 轴对称问题的几何方程可简化为

$$\varepsilon_r = \frac{\partial u_r}{\partial r}, \quad \varepsilon_\theta = \frac{u_r}{r}, \quad \varepsilon_z = \frac{\partial u_z}{\partial z}$$

$$\varepsilon_{rz} = \frac{1}{2}\left(\frac{\partial u_r}{\partial z} + \frac{\partial u_z}{\partial r}\right), \quad \varepsilon_{r\theta} = \varepsilon_{\theta z} = 0 \tag{4.35}$$

根据柱坐标的物理方程式 (4.34), 轴对称问题的物理方程可简化为

$$\varepsilon_r = \frac{\sigma_r}{E} - \mu\frac{\sigma_z}{E}, \quad \varepsilon_\theta = -\mu\left(\frac{\sigma_r}{E} + \frac{\sigma_z}{E}\right), \quad \varepsilon_z = \frac{\sigma_z}{E} - \mu\frac{\sigma_r}{E}$$

$$\gamma_{r\theta} = \gamma_{\theta z} = 0, \quad \gamma_{zr} = \frac{\tau_{zr}}{G} \tag{4.36}$$

或写为用拉梅弹性常数表示的物理方程

$$\sigma_r = \lambda\Theta + 2\mu\varepsilon_r, \quad \sigma_\theta = \lambda\Theta + 2\mu\varepsilon_\theta, \quad \sigma_z = \lambda\Theta + 2\mu\varepsilon_z$$

$$\tau_{rz} = \mu\gamma_{rz}, \quad \tau_{r\theta} = \tau_{\theta z} = 0 \tag{4.37}$$

式中 $\Theta$ 为体积应变, $\lambda$ 和 $\mu$ 为拉梅常数, 它们有下面关系

$$\Theta = \varepsilon_r + \varepsilon_\theta + \varepsilon_z \tag{4.38}$$

$$\lambda = \frac{E\nu}{(1+\nu)(1-2\nu)}, \quad \mu = \frac{E}{2(1+\nu)} \tag{4.39}$$

注意: 拉梅常数 $\mu$ 的大小与剪切弹性模量 $G$ 值相等.

根据柱坐标的平衡方程式 (4.32), 轴对称问题的平衡方程可表示为

$$\frac{\partial\sigma_r}{\partial r} + \frac{\partial\tau_{rz}}{\partial z} + \frac{\sigma_r - \sigma_\theta}{r} + F_r = 0$$

$$\frac{\partial\tau_{zr}}{\partial r} + \frac{\partial\sigma_z}{\partial z} + \frac{\tau_{zr}}{r} + F_z = 0 \tag{4.40}$$

### 4.2.3　轴对称问题的求解

空间轴对称问题原则上也可采用位移解法或应力解法. 但由于柱坐标系下的应变协调方程比较复杂, 用应力解法的求解较为困难, 因此应用较少.

若采用位移解法, 可先将几何方程式 (4.35) 代入物理方程式 (4.37), 得到以位移表示的应力分量

$$\sigma_r = \lambda\Theta + 2\mu\frac{\partial u_r}{\partial r}, \quad \sigma_\theta = \lambda\Theta + 2\mu\frac{u_r}{r}, \quad \sigma_z = \lambda\Theta + 2\mu\frac{\partial u_z}{\partial z}$$

$$\tau_{rz} = \mu \left( \frac{\partial u_z}{\partial r} + \frac{\partial u_r}{\partial z} \right), \quad \tau_{r\theta} = \tau_{\theta z} = 0 \tag{4.41}$$

再将得到的应力与位移的关系式 (4.41) 代入平衡方程式 (4.40)，且考虑到拉梅系数 $\mu$ 大小等于剪切弹性模量 $G$，则可得到用位移表示的基本方程

$$G \left( \frac{1}{1-2\nu} \frac{\partial \Theta}{\partial r} + \nabla^2 u_r - \frac{u_r}{r^2} \right) + F_r = 0$$

$$G \left( \frac{1}{1-2\nu} \frac{\partial \Theta}{\partial z} + \nabla^2 u_z \right) + F_z = 0 \tag{4.42}$$

式中 $\nabla^2 = \dfrac{\partial^2}{\partial r^2} + \dfrac{1}{r} \dfrac{\partial}{\partial r} + \dfrac{\partial^2}{\partial z^2}$ 为轴对称情况下柱坐标系的拉普拉斯算子.

式 (4.42) 为一组关于位移的偏微分方程，直接求解也较为困难，通常要引入一个位移函数，也就是勒夫 (Love) 应变函数 $\Psi_1$. 在柱坐标系中，位移分量与勒夫应变函数的关系为

$$u_r = -\frac{\partial^2 \Psi_1}{\partial r \partial z}$$

$$u_\theta = -\frac{1}{r} \frac{\partial^2 \Psi_1}{\partial \theta \partial z} \tag{4.43}$$

$$u_z = 2(1-G)\nabla^2 \Psi_1 - \frac{\partial^2 \Psi_1}{\partial z^2}$$

勒夫应变函数也是重调和函数，满足 $\nabla^2 \nabla^2 \Psi_1 = 0$. 对轴对称问题，勒夫应变函数也是 $r, z$ 的函数，故 $u_\theta = 0$.

将式 (4.43) 代入式几何方程，再考虑体积应变与工程应变的关系式 (4.38)，可以得到以应变函数表达的体积应变

$$\Theta = (1-2\nu) \frac{\partial}{\partial z} (\nabla^2 \Psi_1) \tag{4.44}$$

将式 (4.43) 代入式 (4.41)，并考虑到式 (4.44)，可以得到用勒夫应变函数表示的应力分量

$$\sigma_r = 2G \frac{\partial}{\partial z} \left( \nu \nabla^2 \Psi_1 - \frac{\partial^2 \Psi_1}{\partial r^2} \right)$$

$$\sigma_\theta = 2G \frac{\partial}{\partial z} \left( \nu \nabla^2 \Psi_1 - \frac{1}{r} \frac{\partial \Psi_1}{\partial r} \right)$$

$$\sigma_z = 2G \frac{\partial}{\partial z} \left( (2-\nu) \nabla^2 \Psi_1 - \frac{\partial^2 \Psi_1}{\partial z^2} \right) \tag{4.45}$$

$$\tau_{zr} = 2G \frac{\partial}{\partial r} \left( (1-\nu) \nabla^2 \Psi_1 - \frac{\partial^2 \Psi_1}{\partial z^2} \right)$$

因此，轴对称问题的求解可以归结为寻找一个满足重调和方程的应变函数，即可通过式 (4.45) 求应力场，按式 (4.43) 位移场，其中待定系数由边界条件确定.

在轴对称问题中, 常见的另一类解法是采用拉梅应变函数 $\Psi_2$. 在柱坐标系中, 位移分量与拉梅应变函数的关系为

$$u_r = \frac{1}{2G}\frac{\partial \Psi_2}{\partial r}, \quad u_\theta = 0, \quad u_z = \frac{1}{2G}\frac{\partial \Psi_2}{\partial z} \tag{4.46}$$

若 $\Psi_2$ 为调和函数, 则由式 (4.38) 和 (4.35) 可知体积应变 $\Theta = 0$. 再将式 (4.46) 代入式 (4.41), 可得应力分量

$$\sigma_r = \frac{\partial^2 \Psi_2}{\partial r^2}, \quad \sigma_\theta = \frac{1}{r}\frac{\partial \Psi_2}{\partial r}, \quad \sigma_z = \frac{\partial^2 \Psi_2}{\partial z^2}, \quad \tau_{zr} = \frac{\partial^2 \Psi_2}{\partial r \partial z} \tag{4.47}$$

拉梅应变函数表示的位移和应力表达式比较简洁. 但在许多实际问题中, 体积应变不一定为零, 且由式 (4.46) 和 (4.47) 求得的位移及应力分量也不一定满足边界条件. 为此在具体求解问题时, 通常利用选取拉梅应变函数为调和函数比较简单方便的方法, 运用叠加法来进行求解, 通过逆解法或半逆解法来构造满足实际边界条件的位移场和应力场.

**例 4.6**　半无限大弹性体表面受垂直集中力作用.

半空间体 (不计体力) 在其边界平面上受法向集中力 $P$ 作用问题称为布希涅斯克 (Boussinesq) 问题. 该问题的特点是应力和位移的分布均具有轴对称性, 可以采用空间轴对称问题进行求解, 分析时使用柱坐标系比较方便, 如图 4.24 所示.

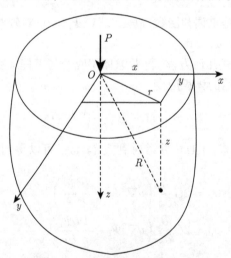

图 4.24　半空间体受垂直集中力问题

首先选取满足重调和方程的勒夫应变函数. 根据式 (4.45), 应力分量应为应变函数的三阶偏导数, 故根据量纲分析应变函数可取为

$$\Psi_1 = A_1 R \tag{4.48}$$

其中,$A_1$ 为待定参数, $R = \sqrt{r^2 + z^2}$. 该应变函数也是重调和函数, 满足

$$\nabla^2 \nabla^2 \Psi_1 = 0 \tag{4.49}$$

将式 (4.48) 代入式 (4.43) 和式 (4.45), 可得该空间轴对称问题的位移和应力

$$u_{1r} = \frac{A_1 rz}{R^3}, \quad u_{1z} = \frac{A_1}{R}\left(3 - 4\nu + \frac{z^2}{R^2}\right) \tag{4.50}$$

$$\sigma_{1r} = 2A_1 G\left(\frac{1-2\nu}{R^3}z - \frac{3r^2 z}{R^5}\right), \quad \sigma_{1\theta} = 2A_1 G\frac{1-2\nu}{R^3}z$$

$$\sigma_{1z} = -2A_1 G\left(\frac{1-2\nu}{R^3}z + \frac{3z^3}{R^5}\right), \quad \tau_{1rz} = -2A_1 G\left(\frac{1-2\nu}{R^3}r + \frac{3rz^2}{R^5}\right) \tag{4.51}$$

这一问题的边界条件为

$$\sigma_{1z}|_{z=0, r\neq 0} = 0, \quad \tau_{1rz}\big|_{z=0, r\neq 0} = 0$$

将式 (4.51) 代入上式, 发现 $\sigma_{1z}|_{z=0,r\neq 0} = 0$ 满足, 但 $\tau_{1rz}|_{z=0,r\neq 0} = -2A_1 G(1 - 2\nu)/r^2 \neq 0$, 不满足. 因此, 为满足边界条件, 再取一个满足重调和方程的位移势函数. 由于 $\tau_{1rz}$ 正比于 $1/r^2$, 故另一个应变函数 (拉梅应变函数) 可选为对数型函数

$$\Psi_2 = A_2 \ln(R + z) \tag{4.52}$$

将式 (4.52) 分别代入式 (4.46) 和 (4.47), 可以得到相应的位移场和应力场

$$u_{2r} = \frac{A_2 r}{2GR(R + z)}, \quad u_{2z} = \frac{A_2}{2GR} \tag{4.53}$$

$$\sigma_{2r} = A_2\left[\frac{z}{R^3} - \frac{1}{R(R+z)}\right], \quad \sigma_{2\theta} = A_2 \frac{1}{R(R+z)}$$

$$\sigma_{2z} = -A_2 \frac{z}{R^3}, \quad \tau_{2rz} = -A_2 \frac{r}{R^3} \tag{4.54}$$

将式 (4.54) 代入应力边界条件, 有 $\sigma_{2z}|_{z=0,r\neq 0} = 0, \tau_{2rz}|_{z=0,r\neq 0} = -A_2/r^2$, 故此, 采用叠加法, 将 $\Psi_1$ 和 $\psi_2$ 叠加可使应力边界条件得到满足. 即

$$\Psi = \Psi_1 + \Psi_2 = A_1 R + A_2 \ln(R + z) \tag{4.55}$$

叠加后的位移场和应力场分别为

$$u_r = \frac{A_1 rz}{R^3} + \frac{A_2 r}{2GR(R + z)}$$

$$u_z = \frac{A_1}{R}\left(3 - 4\nu + \frac{z^2}{R^2}\right) + \frac{A_2}{2GR} \tag{4.56}$$

$$\sigma_r = \sigma_{1r} + \sigma_{2r} = 2A_1G\left(\frac{1-2\nu}{R^3}z - \frac{3r^2z}{R^5}\right) + A_2\left[\frac{z}{R^3} - \frac{1}{R(R+z)}\right]$$

$$\sigma_\theta = \sigma_{1\theta1} + \sigma_{2\theta} = 2A_1G\frac{1-2\nu}{R^3}z + A_2\frac{1}{R(R+z)}$$

$$\sigma_z = \sigma_{1z1} + \sigma_{2z} = -2A_1G\left(\frac{1-2\nu}{R^3}z + \frac{3z^3}{R^5}\right) - A_2\frac{z}{R^3} \tag{4.57}$$

$$\tau_{rz} = \tau_{1rz1} + \tau_{2rz} = -2A_1G\left(\frac{1-2\nu}{R^3}r + \frac{3rz^2}{R^5}\right) - A_2\frac{r}{R^3}$$

下面根据边界条件确定待定参数 $A_1, A_2$.

先由 $\tau_{rz}|_{z=0,r\neq0} = 0$ 可得

$$2(1-2\nu)GA_1 + A_2 = 0 \tag{4.58}$$

为确定式中的常数 $A_1, A_2$, 还需补充一个条件, 即在平行于边界平面的任意水平面上的竖向正应力必须与作用力 $P$ 相平衡

$$\int_0^\infty \sigma_z \cdot 2\pi r \mathrm{d}r + P = 0 \tag{4.59}$$

联立求解式 (4.58), 式 (4.59), 并考虑式 (4.57), 可得

$$A_1 = \frac{P}{4\pi G}, \quad A_2 = -\frac{(1-2\nu)P}{2\pi} \tag{4.60}$$

将式 (4.60) 代入式 (4.56) 和式 (4.57), 可分别得到布希涅斯克问题的位移场和应力场

$$u_r = \frac{P}{4\pi GR}\left(\frac{rz}{R^2} - \frac{1-2\nu}{R+z}r\right)$$

$$u_z = \frac{P}{4\pi GR}\left[2(1-\nu) + \frac{z^2}{R^2}\right] \tag{4.61}$$

$$\sigma_r = \frac{P}{2\pi R^2}\left(\frac{1-2\nu}{R+z}R - \frac{3r^2z}{R^3}\right)$$

$$\sigma_\theta = \frac{(1-2\nu)P}{2\pi R^2}\left(\frac{z}{R} - \frac{R}{R+z}\right) \tag{4.62}$$

$$\sigma_z = -\frac{3Pz^3}{2\pi R^5}, \quad \tau_{rz} = -\frac{3Prz^2}{2\pi R^5}$$

从式 (4.62) 可见, $\sigma_z, \tau_{rz}$ 与材料常数无关, 水平截面上任意点上二者的比值为 $r/z$. 这表明平行于边界平面的任何水平截面上任意一点的全应力 $\sigma$ 指向坐标原点, 如图 4.25 所示, 其大小为

$$\sigma = \sqrt{\sigma_z^2 + \tau_{rz}^2} = \frac{3Pz^2}{2\pi R^4} = \frac{3P\cos^2\theta}{2\pi R^2} \tag{4.63}$$

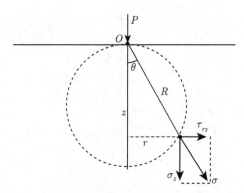

图 4.25　与边界平面行的任意水平面上的全应力

由式 (4.61) 可知, $z = 0$ 的自由表面的沉陷

$$u_z \mid_{z=0} = \frac{(1-\nu)P}{2\pi Gr} \tag{4.64}$$

此外, 从式 (4.64) 和式 (4.63) 可知, 在原点的位移和应力都趋于无限大, 说明在集中力作用点的位移和应力具有奇异性.

## 4.3　空间球坐标系下的求解方法

工程中一些球形的结构或构件, 以及具有球对称的空间弹性力学问题, 采用球坐标系分析、计算比较方便. 一些大型有限元程序也有球坐标系计算功能. 为此, 本节将给出球坐标系下的弹性力学基本方程, 并给出一些此种空间问题的求解方法.

### 4.3.1　球坐标系基本方程

球坐标系如图 4.26 所示. 球坐标系下的空间弹性力学问题的求解, 先要建立球坐标系下的基本方程, 然后再进行求解. 球坐标系的坐标变量为 $(r, \theta, \varphi)$ 与笛卡儿坐标系变量 $(x, y, z)$ 之间的关系为

$$
\begin{gathered}
x = r \sin\theta \cos\varphi, \quad y = r \sin\theta \sin\varphi, \quad z = r \cos\theta \\
r^2 = x^2 + y^2 + z^2, \quad \tan\theta = \frac{\sqrt{x^2+y^2}}{z}, \quad \tan\varphi = \frac{y}{x}
\end{gathered}
\tag{4.65}
$$

$$
\begin{gathered}
\frac{\partial r}{\partial x} = \sin\theta \cos\varphi, \quad \frac{\partial r}{\partial y} = \sin\theta \sin\varphi, \quad \frac{\partial r}{\partial z} = \cos\theta \\
\frac{\partial \theta}{\partial x} = \frac{1}{r} \cos\theta \cos\varphi, \quad \frac{\partial \theta}{\partial y} = \frac{1}{r} \cos\theta \sin\varphi, \quad \frac{\partial \theta}{\partial z} = -\frac{1}{r} \sin\theta \\
\frac{\partial \varphi}{\partial x} = -\frac{\sin\varphi}{r \sin\theta}, \quad \frac{\partial \varphi}{\partial y} = \frac{\cos\varphi}{r \sin\theta}, \quad \frac{\partial \varphi}{\partial z} = 0
\end{gathered}
\tag{4.66}
$$

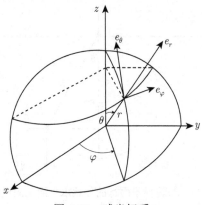

图 4.26　球坐标系

设球坐标系为旧坐标系, 直角坐标系为新坐标系, 先将直角坐标系下的应力分量用球坐标系的应力分量表示, 其中两坐标系基矢量之间的方向余弦为

$$l_{xr} = \cos(e_x, e_r) = \sin\theta\cos\varphi, \quad l_{x\theta} = \cos(e_x, e_\theta) = \cos\theta\cos\varphi$$
$$l_{x\varphi} = \cos(e_x, e_\varphi) = -\sin\varphi \quad l_{yr} = \cos(e_y, e_r) = \sin\theta\sin\varphi$$
$$l_{y\theta} = \cos(e_y, e_\theta) = \cos\theta\sin\varphi, \quad l_{y\varphi} = \cos(e_y, e_\varphi) = \cos\varphi \tag{4.67}$$
$$l_{zr} = \cos(e_z, e_r) = \cos\theta, \quad l_{z\theta} = \cos(e_z, e_\theta) = -\sin\theta$$
$$l_{z\varphi} = \cos(e_z, e_\varphi) = 0$$

(1) 平衡方程.

再利用张量转换公式 (2.36) 和矢量转换公式 (2.31), 将直角坐标系下的应力分量和体积力分量分别用球坐标系下的应力分量 $\sigma_r, \sigma_\theta, \sigma_\varphi, \ \tau_{r\theta}, \tau_{\theta\varphi}, \tau_{r\varphi}$ 和体积力分量 $F_r, F_\theta, F_\varphi$ 表示, 然后代入空间直角坐标系的平衡方程式 (3.1a~c), 并考虑到导数关系式 (4.66), 可推导得到球坐标系下的平衡方程为

$$\frac{\partial \sigma_r}{\partial r} + \frac{1}{r}\frac{\partial \tau_{r\theta}}{\partial \theta} + \frac{1}{r\sin\theta}\frac{\partial \tau_{r\varphi}}{\partial \varphi} + \frac{2\sigma_r - \sigma_\theta - \sigma_\varphi}{r} + \frac{\tau_{r\theta}\cot\theta}{r} + F_r = 0$$
$$\frac{\partial \tau_{\theta r}}{\partial r} + \frac{1}{r}\frac{\partial \sigma_\theta}{\partial \theta} + \frac{1}{r\sin\theta}\frac{\partial \tau_{\theta\varphi}}{\partial \varphi} + \frac{(\sigma_\theta - \sigma_\varphi)\cot\theta}{r} + \frac{3\tau_{\theta r}}{r} + F_\theta = 0 \tag{4.68}$$
$$\frac{\partial \tau_{\varphi r}}{\partial r} + \frac{1}{r}\frac{\partial \tau_{\varphi\theta}}{\partial \theta} + \frac{1}{r\sin\theta}\frac{\partial \sigma_\varphi}{\partial \varphi} + \frac{3\tau_{\varphi r} + 2\tau_{\varphi\theta}\cot\theta}{r} + F_\varphi = 0$$

(2) 几何方程.

对于球坐标下几何方程的推导, 也可仿照平衡方程的推导方法, 利用张量转换公式 (2.36) 和矢量转换公式 (2.31), 将直角坐标系下的应变分量和位移分量分别用球坐标系的应变分量 $\varepsilon_r, \ \varepsilon_\theta, \ \varepsilon_\varphi, \ \gamma_{r\theta}, \ \gamma_{\theta\varphi}, \ \gamma_{\varphi r}$ 和位移分量 $u_r, \ u_\theta, \ u_\varphi$ 表示, 再代入空间直角坐标系的几何方程式 (3.4), 并注意导数关系式 (4.66), 可推导得到球坐标

系下的几何方程为

$$\varepsilon_r = \frac{\partial u_r}{\partial r}, \quad \varepsilon_\theta = \frac{1}{r}\frac{\partial u_\theta}{\partial \theta} + \frac{u_r}{r}, \quad \varepsilon_\varphi = \frac{1}{r\sin\varphi}\frac{\partial u_\varphi}{\partial \varphi} + \frac{u_r}{r} + \frac{u_\theta \cot\theta}{r}$$

$$\gamma_{r\theta} = \frac{1}{r}\frac{\partial u_r}{\partial \theta} - \frac{u_\theta}{r} + \frac{\partial u_\theta}{\partial r}, \quad \gamma_{\varphi r} = \frac{1}{r}\frac{\partial u_\varphi}{\partial r} + \frac{1}{r\sin\theta}\frac{\partial u_r}{\partial \varphi} - \frac{u_\varphi}{r} \tag{4.69}$$

$$\gamma_{\theta\varphi} = \frac{1}{r\sin\theta}\frac{\partial u_\theta}{\partial \varphi} + \frac{1}{r}\frac{\partial u_\varphi}{\partial \theta} - \frac{u_\varphi \cot\theta}{r}$$

(3) 物理方程.

在各向同性弹性体中, 不同的正交坐标系下本构方程不变化. 所以, 球坐标系中的物理方程与直角坐标系中的形式相同, 只需按顺序更换其下标即可

$$\varepsilon_r = \frac{\sigma_r}{E} - \mu\left(\frac{\sigma_\theta}{E} + \frac{\sigma_\varphi}{E}\right), \quad \varepsilon_\theta = \frac{\sigma_\theta}{E} - \mu\left(\frac{\sigma_\varphi}{E} + \frac{\sigma_r}{E}\right), \quad \varepsilon_\varphi = \frac{\sigma_\varphi}{E} - \mu\left(\frac{\sigma_r}{E} + \frac{\sigma_\theta}{E}\right)$$

$$\gamma_{r\theta} = \frac{\tau_{r\theta}}{G}, \quad \gamma_{\theta\varphi} = \frac{\tau_{\theta\varphi}}{G}, \quad \gamma_{\varphi r} = \frac{\tau_{\varphi r}}{G} \tag{4.70}$$

或

$$\sigma_r = \lambda\Theta + 2G\varepsilon_r, \quad \tau_{r\theta} = G\gamma_{r\theta}$$
$$\sigma_\theta = \lambda\Theta + 2G\varepsilon_\theta, \quad \tau_{\theta\varphi} = G\gamma_{\theta\varphi} \tag{4.71}$$
$$\sigma_\varphi = \lambda\Theta + 2G\varepsilon_\varphi, \quad \tau_{\varphi r} = G\gamma_{\varphi r}$$

式中, 体积应变 $\Theta = \varepsilon_r + \varepsilon_\theta + \varepsilon_\varphi$.

### 4.3.2 球对称问题的基本方程

在空间问题中, 若弹性体的几何形状, 外力分布和约束条件都对于一点对称, 即通过该点的任意平面都是对称面, 则位移、应力和应变也必然对称于该点, 这类问题称为空间球对称问题. 球对称问题采用球坐标系可使基本方程和求解分析简单.

在球坐标系基本方程中, 球对称问题只产生径向位移 $u_r$, 而且与坐标 $\varphi, \theta$ 无关, 即

$$u_r = u(r), \quad u_\varphi = u_\theta = 0 \tag{4.72}$$

将式 (4.72) 代入式 (4.69) 可得球对称问题的几何方程

$$\varepsilon_r = \frac{\mathrm{d}u_r}{\mathrm{d}r}, \quad \varepsilon_\varphi = \varepsilon_\theta = \frac{u_r}{r}, \quad \gamma_{r\varphi} = \gamma_{\varphi\theta} = \gamma_{\varphi r} = 0 \tag{4.73}$$

进一步将式 (4.73) 代入物理方程 (4.71), 并经过推导可得球对称问题的物理方程

$$\sigma_r = \frac{E}{(1+\nu)(1-2\nu)}\left[(1-\nu)\,\varepsilon_r + 2\nu\varepsilon_\theta\right]$$

$$\sigma_\theta = \sigma_\varphi = \frac{E}{(1+\nu)(1-2\nu)}\left[\varepsilon_\theta + \nu\varepsilon_r\right] \tag{4.74}$$

对于球对称问题, 切向的体积力为零, 即 $f_\varphi = f_\theta = 0$, 则平衡方程式 (4.68) 可以进一步简化为

$$\frac{\mathrm{d}\sigma_r}{\mathrm{d}r} + \frac{2\left(\sigma_r - \sigma_\varphi\right)}{r} + F_r = 0 \tag{4.75}$$

### 4.3.3　球对称问题的求解

将式 (4.73) 代入式 (4.74), 再代入式 (4.75), 可得球对称问题位移解法的控制方程

$$\frac{\mathrm{d}^2 u_r}{\mathrm{d}r^2} + \frac{2}{r}\frac{\mathrm{d}u_r}{\mathrm{d}r} - \frac{2u_r}{r^2} + F_r = 0 \tag{4.76}$$

该常微分方程, 可通过积分来求解. 若体积力 $F_r = 0$, 则式 (4.76) 的通解为

$$u_r = c_1 r + c_2 r^{-2} \tag{4.77}$$

将式 (4.77) 代入式 (4.73) 可求得应变, 再将应变代入物理方程式 (4.74), 可得应力分量为

$$\begin{aligned}
\sigma_r &= (3\lambda + 2G)\,c_1 - \frac{2Gc_2}{r^3} \\
\sigma_\varphi &= \sigma_\theta = (3\lambda + 2G)\,c_1 + \frac{2Gc_2}{r^3}
\end{aligned} \tag{4.78}$$

在式 (4.77) 和式 (4.79) 中, 积分常数 $c_1, c_2$ 根据边界条件确定.

**例 4.7**　内外表面承受均匀压力的球壳问题.

如图 4.27 所示, 一内外表面承受均匀压力的球壳, 求内外表面压力分别为 $q_a, q_b$ 的应力.

边界条件为

$$\sigma_r|_{r=a} = q_a, \quad \sigma_r|_{r=b} = q_b \tag{4.79}$$

将式 (4.78) 代入式 (4.79), 可得

$$c_1 = \frac{q_b b^3 - q_a a^2}{(3\lambda + 2G)(a^3 - b^3)}, \quad c_2 = \frac{(q_b - q_a)\,a^3 b^3}{4G(a^3 - b^3)} \tag{480}$$

将式 (4.80) 代入式 (4.77) 和 (4.78), 可分别得到位移和应力

$$u_r = \frac{q_b b^3 - q_a a^3}{(3\lambda + 2G)(a^3 - b^3)}r + \frac{(q_b - q_a)\,a^3 b^3}{4G(a^3 - b^3)}\frac{1}{r^2} \tag{4.81}$$

$$\begin{aligned}
\sigma_r &= \frac{q_b b^3 - q_a a^3}{a^3 - b^3} - \frac{(q_b - q_a)\,a^3 b^3}{2(a^3 - b^3)}\frac{1}{r^3} \\
\sigma_\varphi &= \sigma_\theta = \frac{q_b b^3 - q_a a^3}{a^3 - b^3} + \frac{(q_b - q_a)\,a^3 b^3}{2(a^3 - b^3)}\frac{1}{r^3}
\end{aligned} \tag{4.82}$$

**例 4.8** 内外表面承受均匀压力球壳问题理论解的数值验证.

如图 4.27 所示, 若取上例中球壳的内直径 $a$ 为 50m, 外直径 $b$ 为 60m, 弹性模量为 $2 \times 10^5$MPa, 泊松比为 0.3, 受均布内压 $q_a$ 为 2Pa, 受均布外压 $q_b$ 为 1Pa.

计算采用 ABAQUS 有限元分析软件进行分析, 按空间球对称问题考虑, 取 1/8 结构计算, 采用二十节点二次六面体等参单元, 其有限元网格剖分图如图 4.28 所示.

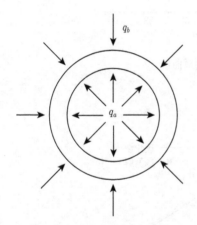

图 4.27 受均匀压力的球壳

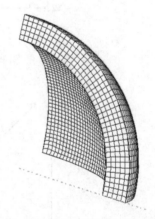

图 4.28 1/8 结构的有限元网格剖分图

将计算所得球坐标系下的位移分量和应力分量列于表 4.4~ 表 4.6, 分别绘于图 4.29~ 图 4.31, 并将位移和应力的分布云图分别绘于图 4.32~ 图 4.34.

表 4.4 球壳结构的径向位移 $u_r$ (单位: $\times 10^{-10}$m)

| 半径 $r$ /m | 50 | 52 | 54 | 56 | 58 | 60 |
|---|---|---|---|---|---|---|
| 理论解 | 4.2308 | 3.9547 | 3.7104 | 3.4934 | 3.3000 | 3.1269 |
| 数值解 | 4.2308 | 3.9547 | 3.7104 | 3.4934 | 3.3000 | 3.1269 |

表 4.5 球壳结构的径向位移 $\sigma_r$ (单位: Pa)

| 半径 $r$ /m | 50 | 52 | 54 | 56 | 58 | 60 |
|---|---|---|---|---|---|---|
| 理论解 | $-2.0000$ | $-1.7365$ | $-1.5106$ | $-1.3159$ | $-1.1471$ | $-1$ |
| 数值解 | $-1.9956$ | $-1.7306$ | $-1.5046$ | $-1.3108$ | $-1.4135$ | $-0.9953$ |

表 4.6 球壳结构的径向位移 $\sigma_\theta$ (单位: Pa)

| 半径 $r$ /m | 50 | 52 | 54 | 56 | 58 | 60 |
|---|---|---|---|---|---|---|
| 理论解 | 1.5604 | 1.4287 | 1.3158 | 1.2184 | 1.1340 | 1.0604 |
| 数值解 | 1.5642 | 1.4333 | 1.3202 | 1.2222 | 1.1370 | 1.0625 |

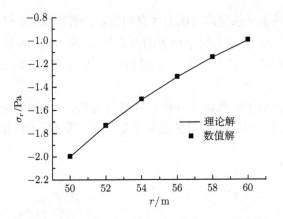

图 4.29    $r\text{-}\sigma_r$ 关系曲线

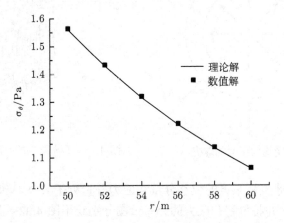

图 4.30    $r\text{-}\sigma_\theta$ 关系曲线

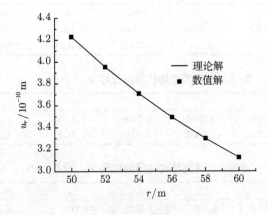

图 4.31    $r\text{-}u_r$ 关系曲线

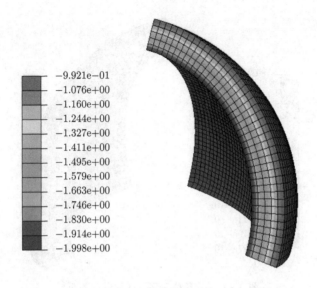

图 4.32 $\sigma_r$ 应力云图 (详见书后彩页)

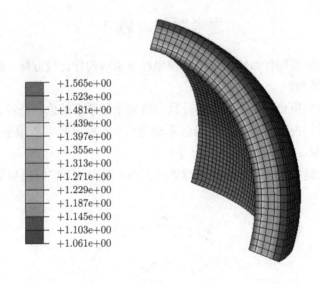

图 4.33 $\sigma_\theta$ 应力云图 (详见书后彩页)

从表 4.4~表 4.6 和图 4.29~ 图 4.31 可以看出, 数值解与理论解相吻合, 从而验证了理论解的正确性. 从图 4.32~ 图 4.34 可以看出本问题的应力分布和位移分布.

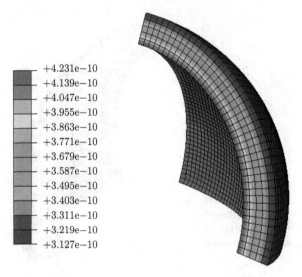

图 4.34　$u_r$ 移位云图 (详见书后彩页)

# 思考题与习题 4

**4-1**　试举例说明什么情况下应用极坐标系求解问题比较方便? 极坐标系下的基本方程如何得到?

**4-2**　试导出极坐标系下的位移分量与直角坐标系下的位移分量之间的关系.

**4-3**　什么情况下可以采用柱坐标和球坐标? 在柱坐标系和球坐标系中, 分别有哪些位移分量、应力分量和应变分量?

**4-4**　什么是空间轴对称问题和球对称问题? 空间轴对称问题与平面轴对称问题有何区别?

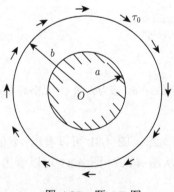

图 4.35　题 4-5 图

**4-5**　如图所示, 一圆环在内壁 $r = a$ 处被固定, 在外壁 $r = b$ 处承受分布剪力 $\tau_0$ 作用, 材料参数 $E, \nu$ 已知, 试求该圆环的应力和位移, 并用数值方法加以验证.

**4-6**　如图所示一悬臂曲梁结构, 其自由端受一剪切力作用. 试利用极坐标系, 取应力函数 $\Phi = f(r) \sin \theta$, 求该曲梁的应力分布.

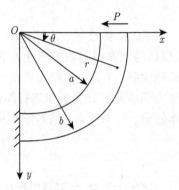

图 4.36　题 4-6 图

**4-7**　半无限空间弹性体的边界平面上一半径为 $a$ 的圆形区域受均布荷载 $q$ 作用, 材料参数 $E, \nu$ 已知, 试求解圆心处的沉降, 并与数值分析结果进行对比.

**4-8**　一内半径为 $a$、外半径为 $b$ 的空心圆球, 外壁固定而内壁受均布压力 $q$ 作用. 材料参数 $E, \nu$ 已知, 求最大径向位移和最大切向正应力, 并用数值分析方法进行验证.

# 第 5 章　薄板问题的基本方程及基本解法

板是工程中常用的结构和构件, 如楼板、水闸闸门、船甲板和悬挑板结构等. 实际上, 板的应力、应变和位移的计算问题属于弹性力学的空间问题, 要求解满足所有微分方程和边界条件的精确解, 在数学上存在着很大的困难. 本章将介绍如何根据薄板弯曲的特点对其应力和应变的分布规律进行简化, 建立近似理论, 着重介绍弹性薄板弯曲问题的基本假设、基本概念、基本方程和基本方法, 给出几个经典求解算例.

## 5.1　薄板的定义及基本假设

### 5.1.1　板的定义、特点和分类

在弹性力学中, 由两个平行面和垂直于平行面的柱面所围成的物体, 当其高度远小于平行面尺寸时, 称为**平板**, 简称**板**, 如图 5.1 所示. 板的上下两个平行面称为**板面**, 垂直于板面的柱面称为**板边**. 两个板面之间的距离称为**板厚**, 而平分厚度的平面称为板的**中面**.

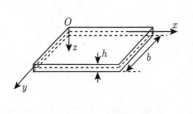

图 5.1　平板

板的分析通常要按其厚度和受力来进行分类, 有薄板、厚板和膜板. 当板厚 $h$ 与板面内的最小特征尺寸 $b$ 之比大于 1/5 时, 称为**厚板**, 其计算分析应按弹性力学空间问题处理; 当板厚与板面内的最小特征尺寸之比小于 1/80 时, 称为**膜板**(或薄膜), 其抗弯刚度很小, 主要是承受膜内的张力; 当板厚与板面内的最小特征尺寸之比在 1/80 ~ 1/5 时, 称为**薄板**.

薄板的几何特点是其厚度尺寸远小于其他两个方向的尺寸, 其受力特点是荷载与板面垂直或成一夹角, 主要承受弯矩和扭矩. 若薄板仅承受平面内的荷载作用, 则为典型的平面应力问题. 若薄板只承受横向荷载作用下, 该薄板将会产生弯曲变形. 在工程中, 此种问题比较多见. 若薄板同时受面内荷载与横向荷载作用时, 应考虑面内荷载对板横向弯曲的影响. 此外, 对板平面内受力为压力的情况, 还要考虑薄板的稳定性. 在板产生弯曲变形时, 其中面上各点沿垂直方向的位移, 称为板的

挠度. 若板中面的最大挠度和板厚之比小于或等于 1/5, 可认为属于小挠度问题, 可以按线性理论来处理. 若超过该限度, 则属于大挠度或大位移问题, 需要考虑几何非线性效应. 在工程中, 薄板虽然很薄, 但仍然具有相当的抗弯刚度, 因而其挠度远小于板的厚度. 本章只讨论薄板在横向荷载作用下的小挠度弯曲问题.

### 5.1.2 薄板理论的基本假设

由于薄板的厚度远小于薄板的平面尺寸, 故与梁弯曲的初等理论相似, 完全可以略去某些非重要的因素而引用一些能够简化理论的假设. 有关薄板小挠度弯曲理论的基本假设是由基尔霍夫提出的, 因此又称**基尔霍夫假设**.

(1)**直法线假设** 变形前垂直于薄板中面的直线段 (法线), 在变形后仍保持为直线, 且垂直于弯曲变形后的中面, 其长度不变.

这个假定和材料力学中研究梁弯曲问题时所引起的平面假定相似. 实际上, 由于板很薄, 空间问题的六个应变分量并非同一个数量级. 如果将薄板的中面作为 $Oxy$ 坐标平面, $z$ 轴垂直向下, 则应变分量 $\varepsilon_x, \varepsilon_y$ 和 $\gamma_{xy}$ 是主要的, 而 $\varepsilon_z, \gamma_{zx}$ 和 $\gamma_{zy}$ 与之相比很小, 因而是次要的. 根据这个假设, 则有 $\gamma_{xz} = 0, \gamma_{yz} = 0$ 和 $\varepsilon_z = 0$.

(2)**层间无挤压假设** 垂直于中面方向的正应力 $\sigma_z$ 与应力分量 $\sigma_x, \sigma_y$ 和 $\tau_{xy}$ 相比很小, 在计算应变时可以忽略不计. 即这个假设认为薄板内与中面平行的各薄层之间无相互挤压. 这与梁弯曲问题中的纵向纤维不互相挤压的假设相似.

(3)**中面无应变假设** 薄板弯曲变形时, 中面内各点只有垂直位移 $w$, 而无 $x$ 方向和 $y$ 方向的位移, 即

$$(u)_{z=0} = 0, \quad v_{z=0} = 0, \quad (w)_{z=0} = w(x,y)$$

根据这个假设, 中面内的应变分量 $\varepsilon_x, \varepsilon_y$ 和 $\gamma_{xy}$ 均等于零, 即中面是一个中性层, 中面内无应变发生, 中面内的位移函数 $w(x,y)$ 称为挠度函数. 这和梁弯曲问题中所说的中性层相当.

在上述假设基础上建立起来的弹性薄板的小挠度理论, 属于薄板弯曲的经典理论, 它在许多工程问题的分析计算中, 已得到广泛的应用.

## 5.2 薄板的变形和受力状态

### 5.2.1 薄板的位移和应变表达式

根据 5.1 节的三个基本假设, 利用弹性力学空间问题 15 个基本方程中的相关方程, 可以将薄板内任一点 $(x,y,z)$ 的位移、应变和应力分量用挠度 $w(x,y)$ 来表示, 进而建立关于 $w$ 的微分方程, 以便求解. 因此, 薄板小挠度弯曲问题是按位移求解的, 取挠度 $w$ 作为基本未知量.

根据薄板弯曲问题的第一个基本假设, 并由空间问题的几何方程, 有

$$\varepsilon_x = \frac{\partial u}{\partial x}, \quad \varepsilon_y = \frac{\partial v}{\partial y}, \quad \varepsilon_z = \frac{\partial w}{\partial z} = 0$$

$$\gamma_{xy} = \frac{\partial v}{\partial x} + \frac{\partial u}{\partial y}, \quad \gamma_{yz} = \frac{\partial w}{\partial y} + \frac{\partial v}{\partial z} = 0, \quad \gamma_{xz} = \frac{\partial u}{\partial z} + \frac{\partial w}{\partial x} = 0$$

$$(5.1)$$

由式(5.1) 中的第三式 $\varepsilon_z = \dfrac{\partial w}{\partial z} = 0$ 可知, 在薄板内各点的位移分量 $w$ 只是 $x$ 和 $y$ 的函数而与 $z$ 无关, 故薄板内各点的位移分量 $w$ 等于板的挠度. 再由式 (5.1) 的第六和第五式可得

$$\frac{\partial u}{\partial z} = -\frac{\partial w}{\partial x}, \quad \frac{\partial v}{\partial z} = -\frac{\partial w}{\partial y} \tag{5.2}$$

对 $z$ 进行积分, 得到

$$u = -\frac{\partial w}{\partial x} z + f_1(x, y), \quad v = -\frac{\partial w}{\partial y} z + f_2(x, y)$$

再利用第三个基本假设 $(u)_{z=0} = 0, (v)_{z=0} = 0$ 可知, $f_1(x, y) = f_2(x, y) = 0$, 于是有

$$u = -\frac{\partial w}{\partial x} z, \quad \nu = -\frac{\partial w}{\partial y} z \tag{5.3}$$

式 (5.3) 表示, 薄板内坐标为 $(x, y, z)$ 的任一点, 分别在 $x$ 和 $y$ 方向的位移沿板厚方向呈线性分布, 中面处位移为零, 在上下表面处的位移最大.

将式 (5.3) 代入式 (5.1), 可得挠度表示的应变分量

$$\varepsilon_x = -\frac{\partial^2 w}{\partial x^2} z, \quad \varepsilon_y = -\frac{\partial^2 w}{\partial y^2} z, \quad \gamma_{xy} = -2\frac{\partial^2 w}{\partial x \partial y} z \tag{5.4}$$

可见应变分量 $\varepsilon_x, \varepsilon_y, \gamma_{xy}$ 也是沿板的厚度按线性分布的, 在中面上为零, 在上下板面处达极值.

由于是小变形问题, 薄板弯曲后的弹性曲面的曲率和扭率可以近似表示为

$$k_x = -\frac{\partial^2 w}{\partial x^2}, \quad k_y = -\frac{\partial^2 w}{\partial y^2}, \quad k_{xy} = -\frac{\partial^2 w}{\partial x \partial y} \tag{5.5}$$

故薄板的应变分量也可以用曲率和扭率表示

$$\varepsilon_x = k_x z, \quad \varepsilon_y = k_y z, \quad \gamma_{xy} = 2k_{xy} z \tag{5.6}$$

### 5.2.2　薄板的应力表达式

根据上述的第一和第二个基本假设, 空间弹性力学的物理方程可以简化为

$$\sigma_x = \frac{E}{1-\nu^2}(\varepsilon_x + \nu\varepsilon_y), \quad \sigma_y = \frac{E}{1-\nu^2}(\varepsilon_y + \nu\varepsilon_x), \quad \tau_{xy} = G\gamma_{xy} \tag{5.7}$$

将式 (5.4) 代入式 (5.7), 可以得到用挠度表示的应力分量

$$\sigma_x = -\frac{Ez}{1-\nu^2}\left(\frac{\partial^2 w}{\partial x^2} + \nu\frac{\partial^2 w}{\partial y^2}\right), \quad \sigma_y = -\frac{Ez}{1-\nu^2}\left(\frac{\partial^2 w}{\partial y^2} + \nu\frac{\partial^2 w}{\partial x^2}\right),$$

$$\tau_{xy} = -\frac{Ez}{1+\nu}\frac{\partial^2 w}{\partial x\partial y} \tag{5.8}$$

将式 (5.5) 代入式 (5.8), 可以得到用曲率和扭率表示的应力分量

$$\sigma_x = \frac{Ez}{1-\nu^2}\left(k_x + \nu k_y\right), \quad \sigma_y = \frac{Ez}{1-\nu^2}\left(k_y + \nu k_x\right), \quad \tau_{xy} = \frac{Ez}{1+\nu}k_{xy} \tag{5.9}$$

从式 (5.9) 可见, 薄板小挠度弯曲时, 在薄板面内的主要应力分量 $\sigma_x, \sigma_y$ 和 $\tau_{xy}$ 沿板厚也呈线性分布, 且中面上 ($z=0$) 的应力为零, 在上下板面处达到极值, 这与梁弯曲正应力沿梁高的变化规律相同.

按假设薄板的基本假设, 应力分量 $\sigma_z, \tau_{xz}$ 和 $\tau_{yz}$ 为零. 而实际上, 它们只是远小于 $\sigma_x, \sigma_y$ 和 $\tau_{xy}$ 的次要的应力分量. 对于它们所引起的变形可略去不计, 但对于维持薄板的平衡, 它们不能忽略. 为了求得这些次要应力分量, 可考虑不计体力的三维问题平衡微分方程

$$\frac{\partial\sigma_x}{\partial x} + \frac{\partial\tau_{xy}}{\partial y} + \frac{\partial\tau_{xz}}{\partial z} = 0, \quad \frac{\partial\tau_{xy}}{\partial x} + \frac{\partial\sigma_y}{\partial y} + \frac{\partial\tau_{yz}}{\partial z} = 0, \quad \frac{\partial\tau_{xz}}{\partial x} + \frac{\partial\tau_{yz}}{\partial y} + \frac{\partial\sigma_z}{\partial z} = 0 \tag{5.10}$$

并考虑薄板上下板面上的应力边界条件

$$(\tau_{xz})_{z=\pm\frac{h}{2}} = 0, \quad (\tau_{yz})_{z=\pm\frac{h}{2}} = 0, \quad (\sigma_z)_{z=\frac{h}{2}} = 0, \quad (\sigma_z)_{z=-\frac{h}{2}} = -q \tag{5.11}$$

其中 $q$ 为垂直作用于板中面的荷载集度.

将式 (5.8) 代入方程 (5.10), 经积分后, 再利用边界条件 (5.11) 的前三式, 可得到次要应力 $\sigma_z, \tau_{xz}$ 和 $\tau_{yz}$ 与挠度 $w$ 的关系式

$$\tau_{xz} = \frac{E}{2\left(1-\nu^2\right)}\left(z^2 - \frac{h^2}{4}\right)\frac{\partial}{\partial x}\nabla^2 w, \quad \tau_{yz} = \frac{E}{2\left(1-\nu^2\right)}\left(z^2 - \frac{h^2}{4}\right)\frac{\partial}{\partial y}\nabla^2 w \tag{5.12}$$

$$\sigma_z = -\frac{Eh^3}{6\left(1-\nu^2\right)}\left(\frac{1}{2} - \frac{z}{h}\right)^2\left(1 + \frac{z}{h}\right)\nabla^2\nabla^2 w \tag{5.13}$$

其中

$$\nabla^2 = \frac{\partial^2}{\partial x^2} + \frac{\partial^2}{\partial y^2}$$

$$\nabla^2\nabla^2 = \frac{\partial^4}{\partial x^4} + 2\frac{\partial^4}{\partial x^2\partial y^2} + \frac{\partial^4}{\partial y^4}$$

从式 (5.12) 和式 (5.13) 可以看出, 切应力 $\tau_{xz}$ 和 $\tau_{yz}$ 沿板厚方向呈抛物线分布, 在中面处达最大值, 这也与梁弯曲时切应力沿梁高方向的变化规律相同. 而横向正应力 $\sigma_z$ 沿板厚呈三次抛物线规律分布.

### 5.2.3　薄板的内力表达式

在薄板理论中, 薄板内所承受的内力通常用**内力束**来表述. 内力束包括作用在薄板单位宽度截面上应力的合力及合力矩, 简称**内力**和**内力矩**. 内力分量包括作用于中面内的拉 (压) 力 $N_x, N_y$ 和剪力 $Q_{xy}$, 以及垂直于中面的横向剪力 $Q_x$ 和 $Q_y$. 内力矩分量包括弯矩 $M_x, M_y$ 和扭矩 $M_{xy}$.

由于在横向荷载作用下的薄板面内应力分量 $\sigma_x, \sigma_y, \tau_{xy}$ 沿板厚按线性规律分布, 且具有反对称性, 所以面内的应力分量在板厚度 $h$ 上合力的主矢量 $N_x, N_y$ 和 $Q_{xy}$ 显然为零, 即

$$N_x = \int_{-\frac{h}{2}}^{\frac{h}{2}} \sigma_x \mathrm{d}z = -\frac{E}{(1-\nu^2)} \left( \frac{\partial^2 w}{\partial x^2} + \nu \frac{\partial^2 w}{\partial y^2} \right) \int_{-\frac{h}{2}}^{\frac{h}{2}} z \mathrm{d}z = 0$$

$$N_y = \int_{-\frac{h}{2}}^{\frac{h}{2}} \sigma_y \mathrm{d}z = -\frac{E}{(1-\nu^2)} \left( \frac{\partial^2 w}{\partial y^2} + \nu \frac{\partial^2 w}{\partial x^2} \right) \int_{-\frac{h}{2}}^{\frac{h}{2}} z \mathrm{d}z = 0$$

$$Q_{xy} = \int_{-\frac{h}{2}}^{\frac{h}{2}} \tau_{xy} \mathrm{d}z = -\frac{E}{1+\nu} \frac{\partial^2 w}{\partial x \partial y} \int_{-\frac{h}{2}}^{\frac{h}{2}} z \mathrm{d}z = 0$$

因此说明, 应力分量 $\sigma_x, \sigma_y, \tau_{xy}$, 和 $\tau_{yx}$ 沿板厚度构成力偶, 若分别以 $M_x, M_y$, $M_{xy}$ 和 $M_{yx}$ 表示它们在单位宽度内的力偶矩, 则有

$$M_x = \int_{-\frac{h}{2}}^{\frac{h}{2}} z\sigma_x \mathrm{d}z = -D \left( \frac{\partial^2 w}{\partial x^2} + \nu \frac{\partial^2 w}{\partial y^2} \right) = -D \left( k_x + \nu k_y \right)$$

$$M_y = \int_{-\frac{h}{2}}^{\frac{h}{2}} z\sigma_y \mathrm{d}z = -D \left( \frac{\partial^2 w}{\partial y^2} + \nu \frac{\partial^2 w}{\partial x^2} \right) = -D \left( k_y + \nu k_x \right) \qquad (5.14)$$

$$M_{xy} = M_{yx} = \int_{-\frac{h}{2}}^{\frac{h}{2}} z\tau_{xy} \mathrm{d}z = -D \left( 1-\nu \right) \frac{\partial^2 w}{\partial x \partial y} = -D \left( 1-\nu \right) k_{xy}$$

式中 $D$ 称为板的抗弯刚度, 它的意义和梁的抗弯刚度相似, 其大小为

$$D = \frac{Eh^3}{12 \left( 1-\nu^2 \right)} \qquad (5.15)$$

作用在薄板单位宽度上的横向剪力可由下面公式计算:

$$Q_x = \int_{-\frac{h}{2}}^{\frac{h}{2}} \tau_{xz} \mathrm{d}z, \quad Q_y = \int_{-\frac{h}{2}}^{\frac{h}{2}} \tau_{yz} \mathrm{d}z$$

其中, $\tau_{xz}$ 和 $\tau_{yz}$ 由式 (5.12) 确定.

## 5.3 薄板弯曲的基本方程和边界条件

### 5.3.1 薄板弯曲的基本方程

为了推导薄板的平衡方程, 绘出薄板微元体 (以中面为研究对象) 的受力图, 如图 5.2 所示. 图中, 弯矩、扭矩和横向剪力共 6 个量, 称为薄板的内力. 按弹性力学应力分量指向的规定, 弯矩 $M_x$ 和 $M_y$ 使板的横截面上 $z > 0$ 的一侧产生正号的正应力 $\sigma_x$ 和 $\sigma_y$ 时为正, 扭矩 $M_{xy}$ 和 $M_{yx}$ 使板的横截面产生正号的切应力 $\tau_{xy}$ 和 $\tau_{yx}$ 时为正, 横向剪力 $Q_x$ 和 $Q_y$ 使板的横截面上 $z > 0$ 的一侧产生正号的切应力 $\tau_{xz}$ 和 $\tau_{yz}$ 时为正. 通常, 弯矩和扭矩用具有双箭头的箭线表示, 且符合右手螺旋法则, 图中的矢量标注均为正方向.

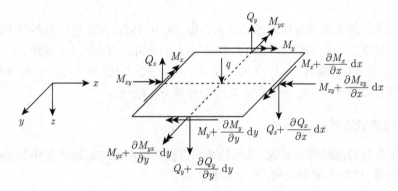

图 5.2 薄板微元体的受力状态

由平衡方程 $\sum F_z = 0$, 有

$$\left(Q_x + \frac{\partial Q_x}{\partial x}\mathrm{d}x\right)\mathrm{d}y - Q_x\mathrm{d}y + \left(Q_y + \frac{\partial Q_y}{\partial y}\mathrm{d}y\right)\mathrm{d}x - Q_y\mathrm{d}x + q\mathrm{d}x\mathrm{d}y = 0$$

上式经简化可得

$$\frac{\partial Q_x}{\partial x} + \frac{\partial Q_y}{\partial y} + q = 0 \tag{5.16}$$

类似地, 可分别写出绕 $y$ 和 $x$ 轴的力矩平衡方程, 经简化后可得

$$\frac{\partial M_x}{\partial x} + \frac{\partial M_{xy}}{\partial y} - Q_x = 0$$

$$\frac{\partial M_{xy}}{\partial x} + \frac{\partial M_y}{\partial y} - Q_y = 0 \tag{5.17}$$

将式 (5.14) 代入式 (5.17), 可得挠度表示的横向剪力

$$Q_x = -D\frac{\partial}{\partial x}\nabla^2 w$$

$$Q_y = -D\frac{\partial}{\partial y}\nabla^2 w$$

(5.18)

将式 (5.18) 代入式 (5.16), 可得用挠度表示的横向平衡方程

$$\frac{\partial^4 w}{\partial x^4} + 2\frac{\partial^4 w}{\partial x^2 \partial y^2} + \frac{\partial^4 w}{\partial y^4} = \frac{q}{D}$$

(5.19)

式 (5.19) 也可写为

$$\nabla^2\nabla^2 w = \frac{q}{D}$$

(5.20)

该微分方程是薄板弯曲问题的基本方程, 从中可解出在给定边界条件下薄板弯曲问题的挠度 $w$. 进而可由式 (5.14) 和式 (5.18) 求得薄板的内力: 弯矩 $M_x$ 和 $M_y$, 扭矩 $M_{xy}$ 和 $M_{yx}$, 横剪力 $Q_x$ 和 $Q_y$; 从式 (5.8)、式 (5.12) 和式 (5.13) 可求得薄板内的主要应力分量 $\sigma_x, \sigma_y, \tau_{xy}$ 和次要应力分量 $\sigma_z, \tau_{xz}, \tau_{yz}$.

### 5.3.2 薄板的边界条件

对于具体的薄板弯曲问题, 薄板的基本方程必须在给定的边界条件下求解才能得到唯一解. 以矩形薄板为例, 其边界条件如下.

(1) 位移边界条件.

挠度等于给定的挠度, 即 $w = \bar{w}$; 转角等于给定的转角, 即 $\partial w/\partial y = 0$ 或 $\partial w/\partial x = 0$.

例如, 对固定边界有 $w = 0, \partial w/\partial y = 0$ 或 $\partial w/\partial x = 0$.

(2) 力边界条件.

严格地讲, 薄板的三个内力: 弯矩、扭矩和横向剪力的边界值应一一对应于外加的弯矩、扭矩和横向剪力, 因此每个边界上应有三个条件. 但薄板弯曲的基本方程是四阶的偏微分方程, 求解时每个边只需要两个边界条件. 对此, 基尔霍夫做了巧妙的处理: 他将边界上的扭矩变换为静力等效的横向剪力, 再将它与原来的横向剪力合并成总的分布剪力. 这样, 就将每边上的三个边界条件归并成两个边界条件, 即

弯矩等于外加的弯矩: $M_y = \bar{M}_y$ 或 $M_x = \bar{M}_x$; 等效横剪力等于外加的等效横剪力: $\tilde{Q}_y = Q_y + \partial M_{xy}/\partial x = \bar{\tilde{Q}}_y$ 或 $\tilde{Q}_x = Q_x + \partial M_{xy}/\partial y = \bar{\tilde{Q}}_x$, 如图 5.3 所示.

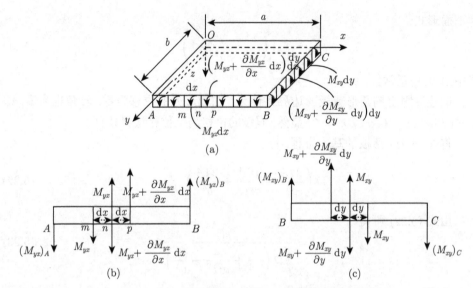

图 5.3 边界上扭矩变换为静力等效的横向剪力

例如, 对自由边界有 $M_y = 0$ 或 $M_x = 0$; $\tilde{Q}_y = 0$ 或 $\tilde{Q}_x = 0$.

又如, 对简支边界条件 (混合边界条件) 有 $w = 0$; $M_y = 0$ 或 $M_x = 0$.

再如, 对角点边界条件: 如图 5.3 所示, $B$ 为悬空的角点, 其集中力 $R_B = 2(M_{xy})_B = 0$; 若在 $B$ 点有支座, 则该角点无挠度, 其角点边界条件为 $(w)_B = 0$.

## 5.4 求 解 算 例

**例 5.1**    边界固定椭圆形薄板承受均布荷载的理论分析.

边界固定的椭圆形薄板承受均布荷载 $q_0$ 作用. 设椭圆形薄板的半轴为 $a$ 和 $b$, 如图 5.4 所示, 试求该薄板的挠度和内力.

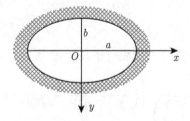

图 5.4    边界固定的椭圆形薄板

**解**    (1) 求该薄板的挠度.

采用半逆解法: 根据该椭圆形薄板的边界形状的曲线方程, 假设该薄板的挠度

为下面形式

$$w = A \left( \frac{x^2}{a^2} + \frac{y^2}{b^2} - 1 \right)^2 \tag{5.21}$$

式中,$A$ 为任意常数.

该边界固定椭圆形薄板的边界条件为: 在板边处的位移为零, 转角也为零, 即 $w = 0, \partial w / \partial y = 0, \partial w / \partial x = 0$, 显然, 假设的位移满足位移边界条件.

将式 (5.21) 薄板的基本方程, 有

$$D \left( \frac{24A}{a^4} + \frac{16A}{a^2 b^2} + \frac{24A}{b^4} \right) = q_0 \tag{5.22}$$

由式 (5.22) 可得

$$A = \frac{q_0}{8D \left( \dfrac{3}{a^4} + \dfrac{2}{a^2 b^2} + \dfrac{3}{b^4} \right)} \tag{5.23}$$

将系数 $A$ 代回 (5.21), 可得

$$w = \frac{q_0 \left( \dfrac{x^2}{a^2} + \dfrac{y^2}{b^2} - 1 \right)^2}{8D \left( \dfrac{3}{a^4} + \dfrac{2}{a^2 b^2} + \dfrac{3}{b^4} \right)} \tag{5.24}$$

从式 (5.24) 可知, 在椭圆的中心处的挠度最大, 其大小为

$$w_{\max} = (w)_{x=y=0} = \frac{q_0}{8D \left( \dfrac{3}{a^4} + \dfrac{2}{a^2 b^2} + \dfrac{3}{b^4} \right)} \tag{5.25}$$

对于圆形薄板 $(a = b)$, 其最大挠度为

$$w_{\max} = \frac{q_0 a^4}{64D} \tag{5.26}$$

(2) 求该薄板的内力.

将该椭圆形薄板的挠度代入薄板弯矩表达式 (5.12), 可求得该薄板的弯矩

$$M_x = -\frac{q_0}{2 \left( \dfrac{3}{a^4} + \dfrac{2}{a^2 b^2} + \dfrac{3}{b^4} \right)} \left[ \left( \frac{3x^2}{a^4} + \frac{y^2}{a^2 b^2} - \frac{1}{a^2} \right) + \nu \left( \frac{3y^2}{b^4} + \frac{x^2}{a^2 b^2} - \frac{1}{b^2} \right) \right]$$

$$M_y = -\frac{q_0}{2 \left( \dfrac{3}{a^4} + \dfrac{2}{a^2 b^2} + \dfrac{3}{b^4} \right)} \left[ \left( \frac{3y^2}{b^4} + \frac{x^2}{a^2 b^2} - \frac{1}{b^2} \right) + \nu \left( \frac{3x^2}{a^4} + \frac{y^2}{a^2 b^2} - \frac{1}{a^2} \right) \right]$$

$$\tag{5.27}$$

在板的中心处的弯矩值为

$$
(M_x)_{x=y=0} = \frac{q_0 a^2 \left(1 + \nu \dfrac{a^2}{b^2}\right)}{2 \left(3 + 2\dfrac{a^2}{b^2} + 3\dfrac{a^4}{b^4}\right)} \tag{5.28}
$$

$$
(M_y)_{x=y=0} = \frac{q_0 b^2 \left(1 + \nu \dfrac{b^2}{a^2}\right)}{2 \left(3 + 2\dfrac{b^2}{a^2} + 3\dfrac{b^4}{a^4}\right)} \tag{5.29}
$$

在椭圆长轴固定端处的弯矩值为

$$
(M_x)_{x=\pm a, y=0} = -\frac{q_0 a^2}{\left(3 + 2\dfrac{a^2}{b^2} + 3\dfrac{a^4}{b^4}\right)} \tag{5.30}
$$

在椭圆短轴固定端处的弯矩值为

$$
(M_y)_{x=0, y=\pm b} = -\frac{q_0 b^2}{\left(3 + 2\dfrac{b^2}{a^2} + 3\dfrac{b^4}{a^4}\right)} \tag{5.31}
$$

从上面弯矩公式可以看出: 当 $a > b$ 时, 该椭圆形薄板中心的弯矩最大, 而短轴固定端处的弯矩最小.

**例 5.2**　边界固定椭圆形薄板承受均布荷载问题理论解与有限元数值解的对比分析.

若取例 5.1 中椭圆薄板长轴的半轴长度为 $a=1\mathrm{m}$, 短轴的半轴长度为 $b=0.5\mathrm{m}$, 板厚为 0.008m, 弹性模量为 $3\times10^4\mathrm{MPa}$, 泊松比为 0.3, 边界条件为周边固定, 受均布荷载作用, 压强为 20kPa.

计算采用 ABAQUS 有限元分析软件进行分析, 选用八节点减缩积分二次位移模式薄板单元, 其有限元网格剖分图如图 5.5 所示. 计算建模时, $y$ 轴的方向与图 5.4 相反. 计算所得该椭圆形薄板长轴和短轴上的挠度分布列于表 5.1, 并绘于图 5.6 和图 5.7.

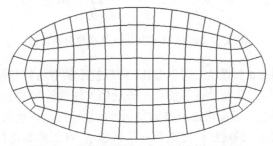

图 5.5　椭圆形薄板的有限元网格剖分图

表 5.1　椭圆形薄板长轴和短轴上的挠度 $w$ 分布(单位: m)

| $x(y=0)$ | 理论解 | 数值解 | $y(x=0)$ | 理论解 | 数值解 |
|---|---|---|---|---|---|
| 0 | −0.0301 | −0.0300 | 0 | −0.0301 | −0.0300 |
| 0.2515 | −0.0264 | −0.0263 | 0.1223 | −0.0266 | −0.0266 |
| 0.5014 | −0.0169 | −0.0168 | 0.2453 | −0.0174 | −0.0173 |
| 0.7429 | −0.0060 | −0.0059 | 0.3704 | −0.0061 | −0.0061 |
| 1 | 0 | 0.0000 | 0.5 | 0 | 0.0000 |

将周边固定椭圆形薄板受均布荷载作用的挠度分布规律研究云图绘于图 5.8.

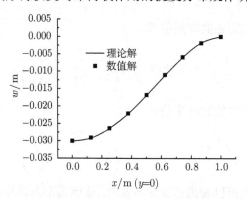

图 5.6　椭圆形薄板长轴上的挠度分布曲线

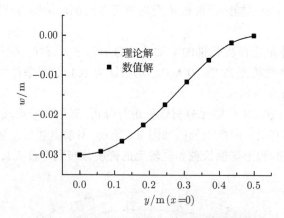

图 5.7　椭圆形薄板短轴上的挠度分布曲线

从表 5.1 及图 5.6 和图 5.7 可以看出, 薄板挠度的数值解与能量原理近似分析方法的理论解相吻合, 从而验证了能量原理近似方法理论解的正确性. 从有限元法计算出的该薄板挠度的云图可以清楚地揭示该问题竖向位移场的分布规律. 该薄板中心区域的挠度较大, 越接近固定端竖向位移越小, 在固定端位移为零.

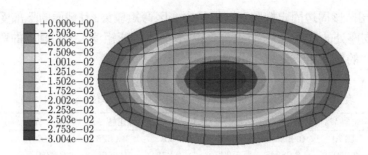

图 5.8 周边固定椭圆形薄板受均布荷载作用的挠度分布规律研究云图 (详见书后彩页)

利用有限元方法还可计算出该薄板内力, 如弯矩. 对于本算例, 有限元计算所得该薄板中心点处的弯矩 $M_x$(单位宽度截面上绕 $y$ 轴转动的弯矩) 为 $-3.8149 \times 10^2 \mathrm{N} \cdot \mathrm{m}$, 与理论解 $-3.7288 \times 10^2 \mathrm{N} \cdot \mathrm{m}$ 基本吻合. 由于本题的 $y$ 轴向上, 与图 5.4 相反, 故该薄板下侧受拉为负, 上侧受拉为正.

对基于势能原理的有限元法, 由于先求得位移, 再通过偏导求得应变, 再由胡克定律求得应力, 故通常位移的计算精度要高于应力的计算精度或内力的计算精度.

为了提高弯矩的计算精度, 本书作者又将有限元网格细分, 如图 5.9 所示. 精细化的计算结果为: 该薄板中心点处的弯矩 $M_x$(单位宽度截面上绕 $y$ 轴转动的弯矩) 为 $-3.7556 \times 10^2 \mathrm{N} \cdot \mathrm{m}$, 与理论解 $-3.7288 \times 10^2 \mathrm{N} \cdot \mathrm{m}$ 吻合更好. 进一步, 还可利用有限元程序计算出关键界面的弯矩值 (单位宽度板截面上的弯矩), 列于表 5.2, 以便对比分析, 对用理论分析方法推导出来的薄板弯矩公式加以验证, 并利用现代数值分析工具对该薄板的关键截面的弯矩和整个结构的弯矩分布加以验证. 将该薄板的弯矩分布云图绘于图 5.10 和图 5.11.

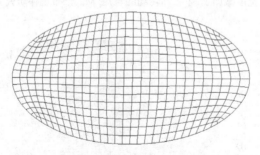

图 5.9 椭圆形薄板的有限元加密网格剖分图

从表 5.1 及图 5.6 和图 5.7 可以看出, 位移场的数值解与理论分析方法的计算结果相吻合, 从表 5.2 及图 5.10 和图 5.11 可以看出, 弯矩场的数值解与理论分析方法的计算结果相吻合, 从而验证了理论分析方法解答的正确性. 从弯矩云图和表

5.2 可以看出, 该周边固定椭圆形薄板的中心区弯矩较大, 且截面的下部受拉; 而在周边固定支座处的弯矩较大, 且上部受拉; 长轴上的弯矩值大于短轴上的弯矩值. 这与弹性力学的概念相一致.

表 5.2　椭圆形薄板长轴和短轴上的弯矩分布(单位: $\times 10^2 \mathrm{N} \cdot \mathrm{m}$)

| $x(y=0)$ | 理论解$M_y$ | 数值解$M_y$ | 相对误差/% | $y(x=0)$ | 理论解 $M_x$ | 数值解 $M_x$ | 相对误差/% |
|---|---|---|---|---|---|---|---|
| $-1$ | 1.0170 | 0.9985 | 1.819 | 0.5 | 4.0678 | 4.0499 | 0.440 |
| $-0.7143$ | $-3.0507$ | $-3.0834$ | 1.072 | 0.375 | 0.6568 | 0.6350 | 3.319 |
| $-0.4286$ | $-5.7625$ | $-5.8134$ | 0.883 | 0.25 | $-1.7797$ | $-1.8053$ | 1.439 |
| $-0.1429$ | $-7.1185$ | $-7.1774$ | 0.827 | 0.125 | $-3.2415$ | $-3.2681$ | 0.821 |
| 0 | $-7.2881$ | $-7.3488$ | 0.833 | 0 | $-3.7288$ | $-3.7556$ | 0.719 |
| 0.1429 | $-7.1185$ | $-7.1774$ | 0.820 | $-0.125$ | $-3.2415$ | $-3.2681$ | 0.821 |
| 0.4286 | $-5.7625$ | $-5.8134$ | 0.883 | $-0.25$ | $-1.7797$ | $-1.8053$ | 1.439 |
| 0.7143 | $-3.0507$ | $-3.0833$ | 1.069 | $-0.375$ | 0.6568 | 0.6350 | 3.319 |
| 1 | 1.0170 | 0.9992 | 1.750 | $-0.5$ | 4.0678 | 4.0499 | 0.440 |

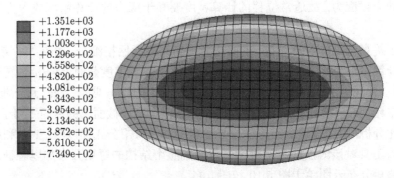

图 5.10　该薄板单位宽度截面上绕 $x$ 轴转动的弯矩 $M_y$ 分布规律研究云图 (详见书后彩页)

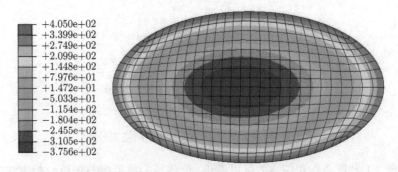

图 5.11　该薄板单位宽度截面上绕 $y$ 轴转动的弯矩 $M_x$ 分布规律研究云图 (详见书后彩页)

**例 5.3**　四边简支矩形薄板承受分布荷载问题的理论分析.

一四边简支矩形薄板承受分布荷载 $q(x,y) = q_0 \sin \dfrac{\pi x}{a} \sin \dfrac{\pi y}{b}$ 作用, 其中 $q_0$ 为板中心的荷载集度, $a$ 和 $b$ 为薄板的边长, 图 5.12 所示, 求该薄板的挠度、内力和支反力.

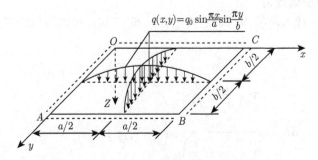

图 5.12　四边简支矩形薄板承受分布荷载作用

**解**　(1) 求该薄板的挠度.

采用半逆解法, 假设该薄板的挠度为下面形式

$$w = A \sin \frac{\pi x}{a} \sin \frac{\pi y}{b} \tag{5.32}$$

式中 $A$ 为任意常数.

该问题的边界条件为

$$(w)_{x=0\text{和}x=a} = 0, \quad (w)_{y=0\text{和}y=b} = 0, \quad \left(\frac{\partial^2 w}{\partial x^2}\right)_{x=0\text{和}x=a} = 0, \quad \left(\frac{\partial^2 w}{\partial y^2}\right)_{y=0,y=b} = 0$$

将式 (5.32) 代入该边界条件可知, 该假设的位移能满足全部边界条件.

又根据薄板的基本方程, 该薄板挠度应满足下面方程

$$\frac{\partial^4 w}{\partial x^4} + 2\frac{\partial^4 w}{\partial x^2 \partial y^2} + \frac{\partial^4 w}{\partial y^4} = \frac{q_0}{D} \sin \frac{\pi x}{a} \sin \frac{\pi y}{b}$$

将式 (5.32) 代入上式, 可得

$$A = \frac{q_0}{\pi^4 D \left(\dfrac{1}{a^2} + \dfrac{1}{b^2}\right)^2} \tag{5.33}$$

将式 (5.33) 代回式 (5.32), 可得该薄板的挠度

$$w = \frac{q_0 \sin \dfrac{\pi x}{a} \sin \dfrac{\pi y}{b}}{\pi^4 D \left(\dfrac{1}{a^2} + \dfrac{1}{b^2}\right)^2} \tag{5.34}$$

从式 (5.34) 可见, 最大挠度发生在该薄板的中心, 其大小为

$$w_{\max} = \frac{q_0}{\pi^4 D \left( \dfrac{1}{a^2} + \dfrac{1}{b^2} \right)^2}$$

(2) 求该薄板的内力.

将式 (5.34) 代入薄板内力表达式 (5.12) 和 (5.16), 可该薄板的弯矩、扭矩和横向剪力

$$M_x = \frac{q_0}{\pi^2 \left( \dfrac{1}{a^2} + \dfrac{1}{b^2} \right)^2} \left( \frac{1}{a^2} + \frac{\nu}{b^2} \right) \sin \frac{\pi x}{a} \sin \frac{\pi y}{b}$$

$$M_y = \frac{q_0}{\pi^2 \left( \dfrac{1}{a^2} + \dfrac{1}{b^2} \right)^2} \left( \frac{\nu}{a^2} + \frac{1}{b^2} \right) \sin \frac{\pi x}{a} \sin \frac{\pi y}{b}$$

$$M_{xy} = -\frac{q_0 \left( 1 - \nu \right)}{\pi^2 \left( \dfrac{1}{a^2} + \dfrac{1}{b^2} \right)^2 ab} \cos \frac{\pi x}{a} \cos \frac{\pi y}{b}$$

$$Q_x = \frac{q_0}{\pi a \left( \dfrac{1}{a^2} + \dfrac{1}{b^2} \right)} \cos \frac{\pi x}{a} \sin \frac{\pi y}{b}$$

$$Q_y = \frac{q_0}{\pi b \left( \dfrac{1}{a^2} + \dfrac{1}{b^2} \right)} \sin \frac{\pi x}{a} \cos \frac{\pi y}{b}$$

从上式可知, 最大弯矩也发生在该薄板的中心处, 其大小为

$$(M_x)_{\max} = \frac{q_0}{\pi^2 \left( \dfrac{1}{a^2} + \dfrac{1}{b^2} \right)^2} \left( \frac{1}{a^2} + \frac{\nu}{b^2} \right)$$

$$(M_y)_{\max} = \frac{q_0}{\pi^2 \left( \dfrac{1}{a^2} + \dfrac{1}{b^2} \right)^2} \left( \frac{\nu}{a^2} + \frac{1}{b^2} \right)$$

(3) 求该薄板的支座反力.

在 $x = a$ 和 $y = b$ 的边界上, 该薄板的支反力为

$$(R)_{x=a} = \left( Q_x + \frac{\partial M_{xy}}{\partial y} \right)_{x=a} = -\frac{q_0}{\pi a \left( \dfrac{1}{a^2} + \dfrac{1}{b^2} \right)^2} \left( \frac{1}{a^2} + \frac{2-\nu}{b^2} \right) \sin \frac{\pi y}{b}$$

$$(R)_{y=b} = \left( Q_y + \frac{\partial M_{xy}}{\partial x} \right)_{y=b} = -\frac{q_0}{\pi b \left( \dfrac{1}{a^2} + \dfrac{1}{b^2} \right)^2} \left( \frac{1}{b^2} + \frac{2-\nu}{a^2} \right) \sin \frac{\pi x}{a}$$

该薄板角点 $O$ 和 $A$ 的集中反力为

$$R_O = 2\left(M_{xy}\right)_{x=0,y=0} = -\frac{2q_0\left(1-\nu\right)}{\pi^2\left(\dfrac{1}{a^2}+\dfrac{1}{b^2}\right)^2 ab}$$

$$R_A = 2\left(M_{xy}\right)_{x=0,y=b} = \frac{2q_0\left(1-\nu\right)}{\pi^2\left(\dfrac{1}{a^2}+\dfrac{1}{b^2}\right)^2 ab}$$

**例 5.4** 四边简支的薄板承受均布荷载问题理论解与有限元数值解的对比分析.

若取上例中矩形薄板的长度为 1m, 宽度为 1m, 板厚为 0.008m, 弹性模量为 $3\times10^4$MPa, 泊松比为 0.3, 边界条件为周边简支, 受均布荷载作用, 压强为 20kPa.

在均布荷载 $q_0$ 作用下, 该矩形形板中点处的最大挠度为

$$w_{\max} = \frac{16q_0 a^4 b^4}{\pi^6 D\left(a^2+b^2\right)^2}$$

式中 $D$ 为板的抗弯刚度, 其计算公式为

$$D = \frac{Eh^3}{12\left(1-\nu^2\right)}$$

下面验证该薄板挠度解析方法理论公式的正确性. 计算时, 采用 ABAQUS 有限元分析软件进行分析, 选用八节点减缩积分二次位移模式薄板单元, 其有限元网格剖分图如图 5.13 所示, 计算边界条件为四边铰支, 坐标系的 $z$ 轴与图 5.12 相反, 指向上方.

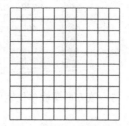

图 5.13 矩形薄板的有限元网格

有限元计算结果为: 该薄板中心点 (0.5,0.5) 处的竖向位移 (挠度) 为 $-0.05822$m (方向向下), 而该薄板用能量理论分析方法得到挠度公式计算结果为 0.05916m(方向向下). 可见, 两种方法的结果相吻合, 其中势能原理有限元数值解的结果偏小一些. 在本例中还利用有限元程序计算分析了该方形薄板的挠度分布规律研究云图以及弯矩分布规律研究云图, 如图 5.14~ 图 5.16 所示.

从位移云图可以看出, 该方形薄板的中心区域位移最大, 方向向下, 支座处挠度为零. 从弯矩云图可以看出, 该周边铰支方形薄板的中心区弯矩较大, 且截面的下部受拉; 而在周边铰接支座处的弯矩云图由负过渡到正, 即铰支处的弯矩值为零, 这与弹性力学的概念分析相一致.

该算例充分说明了有限元法是分析弹性力学的有力工具, 必须掌握.

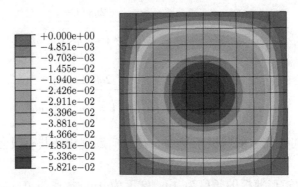

图 5.14　周边简支方形薄板受均布荷载作用的挠度分布规律研究云图

(详见书后彩页)

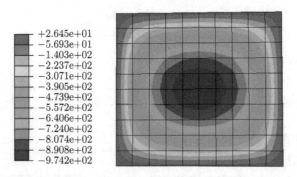

图 5.15　该方形薄板单位宽度截面上绕 $y$ 轴转动的弯矩 $M_x$ 分布规律研究云图

(详见书后彩页)

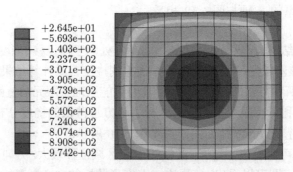

图 5.16　该方形薄板单位宽度截面上绕 $x$ 轴转动的弯矩 $M_y$ 分布规律研究云图

(详见书后彩页)

# 思考题与习题 5

**5-1**　试简述薄板弯曲问题的特点, 其内力有哪些? 如何描述薄板的变形?

**5-2**　在薄板弯曲问题中, 如何处理边界条件?

**5-3**　试说明下列薄板挠度方程所对应的边界条件及面荷载, 其中板的边长为 $a,b$:

(1) $w = Axy\,(x-a)\,(x-b)$;　(2) $w = A\,(x-a)^2\,(x-b)^2$.

**5-4**　已知薄板纯弯曲时的弯矩为 $M_x = M_1, M_y = M_2$, 其他内力为零, 试求此薄板中面的曲率和扭矩, 并求出挠度的表达式.

**5-5**　矩形薄板的边长分别为 $a$ 和 $b$, 支座为一对边简支而另一对边为任意支承, 承受分布荷载 $q(x,y)$. 试证明 $w = \sum\limits_{m=1}^{\infty} Y_m(y) \sin\dfrac{m\pi x}{a}$ (其中 $Y_m(y)$ 是待定系数, $m$ 为任意正整数) 可以作为此问题的解, 并求挠度.

**5-6**　如图 5.17 所示, 矩形薄板 $OA$ 边和 $OC$ 边为简支边, $AB$ 边和 $BC$ 边为自由边, 在点 $B$ 处承受集中力作用. 试证明 $w = Axy$ 可作为该问题的解答, 并确定系数 $A$, 求出内力和反力, 并利用数值分析方法进行校核.

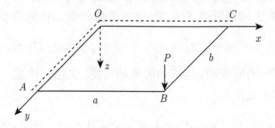

图 5.17　两邻边简支矩形薄板承受集中力作用

# 第6章 能量原理及近似解法

能量原理也称能量法或变分法, 是求解弹性力学问题的一种十分重要的方法, 利用该方法不仅可以求得弹性力学的近似解, 还可建立有限元法的基本方程. 本章着重介绍中应变能和应变余能的概念, 虚位移原理、虚力原理、最小势能原理和最小余能原理, 并给出几个以能量原理为基础的近似解法.

## 6.1 能 量 原 理

### 6.1.1 应变能和应变余能的概念

(1) 应变能.

假设从弹性体 $D$ 内部取出一个单位体积的微元体, 在单元体的六个微分面上显示的应力分量不妨看成其受到的外力, 它们由零开始缓慢增加, 并使单元体保持平衡状态, 则应力分量在单元体变形过程中所做的功在数值上等于单元体内储存的应变能, 当应力应变之间呈线性关系式, 该单位体积微元体的应变能可表示为

$$W = \frac{1}{2} \left( \sigma_x \varepsilon_x + \sigma_y \varepsilon_y + \sigma_z \varepsilon_z + \tau_{xy} \gamma_{xy} + \tau_{yz} \gamma_{yz} + \tau_{xz} \gamma_{xz} \right) \tag{6.1}$$

式中, $W$ 为单位体积的应变能, 也称为应变能密度, 又称为比能.

整个弹性体的应变能为

$$W_D = \frac{1}{2} \iiint\limits_V \left( \sigma_x \varepsilon_x + \sigma_y \varepsilon_y + \sigma_z \varepsilon_z + \tau_{yz} \gamma_{yz} + \tau_{xz} \gamma_{xz} + \tau_{xy} \gamma_{xy} \right) \mathrm{d}V \tag{6.2}$$

式中, $W_D$ 为整个弹性体的应变能, $V$ 为整个弹性体的体积.

将式 (6.1) 分别对各应变分量求偏导, 并注意到物理方程, 则有如下本构关系:

$$\frac{\partial W}{\partial \varepsilon_x} = \sigma_x, \quad \frac{\partial W}{\partial \varepsilon_y} = \sigma_y, \quad \frac{\partial W}{\partial \varepsilon_z} = \sigma_z, \quad \frac{\partial W}{\partial \gamma_{xy}} = \tau_{xy}, \quad \frac{\partial W}{\partial \gamma_{yz}} = \tau_{yz}, \quad \frac{\partial W}{\partial \gamma_{zx}} = \tau_{zx}$$

$$\tag{6.3}$$

式 (6.3) 称为格林公式, 也是物理方程 (本构关系) 的另一种表达形式.

(2) 应变余能.

如图 6.1 所示, 一单向位伸应力应变曲线, 图中曲线与 $x$ 轴围成的面积为应变能密度, 而曲线与 $y$ 轴围成的面积即为应变余能密度, 简称余能密度 $W^*$. 从图中可以看出两者的关系为

$$W + W^* = \sigma_x \varepsilon_x$$

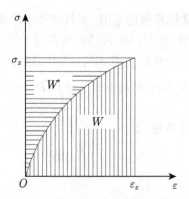

图 6.1  应变能与余能的关系

对于线弹性问题, 则应力应变关系为线性关系, 图中的曲线变为直线, 且余能密度与应变能密度相等, 即

$$W^* = W = \frac{1}{2}\sigma_x\varepsilon_x$$

对复杂应力状态, 线弹性的余能密度也与应变能密度相同, 可写为

$$W^* = \frac{1}{2}\left(\sigma_x\varepsilon_x + \sigma_y\varepsilon_y + \sigma_z\varepsilon_z + \tau_{xy}\gamma_{xy} + \tau_{yz}\gamma_{yz} + \tau_{xz}\gamma_{xz}\right) \tag{6.4}$$

整个弹性体的应变余能 (简称余能), 可写为

$$W_D^* = \frac{1}{2}\iiint\limits_V \left(\sigma_x\varepsilon_x + \sigma_y\varepsilon_y + \sigma_z\varepsilon_z + \tau_{yz}\gamma_{yz} + \tau_{xz}\gamma_{xz} + \tau_{xy}\gamma_{xy}\right)\mathrm{d}V \tag{6.5}$$

将式 (6.4) 分别对各应力分量求偏导, 并注意到物理方程, 则有如下本构关系

$$\frac{\partial W}{\partial \sigma_x} = \varepsilon_x, \quad \frac{\partial W}{\partial \sigma_y} = \varepsilon_y, \quad \frac{\partial W}{\partial \sigma_z} = \varepsilon_z, \quad \frac{\partial W}{\partial \tau_{xy}} = \gamma_{xy}, \quad \frac{\partial W}{\partial \tau_{yz}} = \gamma_{yz}, \quad \frac{\partial W}{\partial \tau_{zx}} = \gamma_{zx} \tag{6.6}$$

式 (6.6) 称为卡斯蒂利亚诺公式, 也是物理方程 (本构关系) 的另一种表达形式.

### 6.1.2  虚位移原理

当该弹性体处于平衡状态时, 在弹性体中产生的真实位移分量为 $u, v, w$. 现假设位移分量产生了位移约束条件 (位移边界条件 $S_u$) 允许的虚位移 $\delta u, \delta v, \delta w$, 则位移分量变为

$$u' = u + \delta u, \quad v' = v + \delta v, \quad w' = w + \delta w$$

式中 $\delta$ 为变分符号, 显然在位移边界 $S_u$ 上, 有

$$\delta u = \delta v = \delta w = 0$$

对于给定虚位移时, **虚位移原理**指出: 弹性体处于平衡状态的充分必要条件是, 对于任意的、满足协调条件的虚位移, 外力所做的总虚功等于弹性体所承受的总虚应变能. 即弹性体所承受的总虚应变能 $\delta W_D$ 等外力所做的总虚功

$$\delta W_D = \iiint\limits_{V} (F_x\delta u + F_y\delta v + F_z\delta w)\mathrm{d}V + \iint\limits_{S_\sigma} (\overline{F}_x\delta u + \overline{F}_y\delta v + \overline{F}_z\delta w)\mathrm{d}S \quad (6.7)$$

式 (6.7) 也称**位移变分方程**, 其中

$$\delta W_D = \iiint\limits_{V} \delta W \mathrm{d}V \quad (6.8)$$

用格林公式 (6.3), 有

$$\delta W = \sigma_x\delta\varepsilon_x + \sigma_y\delta\varepsilon_y + \sigma_z\delta\varepsilon_z + \tau_{yz}\delta\gamma_{yz} + \tau_{xz}\delta\gamma_{xz} + \tau_{xy}\delta\gamma_{xy}$$

将上式代入式 (6.8), 再代入式 (6.7), 可得虚功方程的常见形式

$$\iiint\limits_{V} (\sigma_x\delta\varepsilon_x + \sigma_y\delta\varepsilon_y + \sigma_z\delta\varepsilon_z + \tau_{yz}\delta\gamma_{yz} + \tau_{xz}\delta\gamma_{xz} + \tau_{xy}\delta\gamma_{xy})\mathrm{d}V$$

$$= \iiint\limits_{V} (F_x\delta u + F_y\delta v + F_z\delta w)\mathrm{d}V + \iint\limits_{S_\sigma} (\overline{F}_x\delta u + \overline{F}_y\delta v + \overline{F}_z\delta w)\mathrm{d}S \quad (6.9)$$

进一步, 若将几何方程代入虚功方程 (6.9), 并利用高斯公式展开及整理, 可将虚功方程变为下面形式

$$\iiint\limits_{V} \left[ \left(\frac{\partial\sigma_x}{\partial x} + \frac{\partial\tau_{yz}}{\partial y} + \frac{\partial\tau_{zx}}{\partial z} + F_x\right)\delta u + \left(\frac{\partial\tau_{xy}}{\partial x} + \frac{\partial\sigma_y}{\partial y} + \frac{\partial\tau_{zy}}{\partial z} + F_y\right)\delta v \right.$$

$$+ \left(\frac{\partial\tau_{xz}}{\partial x} + \frac{\partial\tau_{yz}}{\partial y} + \frac{\partial\sigma_z}{\partial z} + F_z\right)\delta w \left.\right]\mathrm{d}V + \iint\limits_{S_\sigma} (\overline{F}_x - \sigma_x l_1 - \tau_{yx} l_2 - \tau_{zx} l_3)\delta u$$

$$+ (\overline{F}_y - \tau_{xy} l_1 - \sigma_y l_2 - \tau_{zy} l_3)\delta v + (\overline{F}_z - \tau_{xz} l_1 - \tau_{yz} l_2 - \sigma_z l_3)\delta w]\mathrm{d}S = 0$$

$$(6.10)$$

由于虚位移 $\delta u, \delta v, \delta w$ 的各自独立和完全任意性, 式 (6.10) 成立的条件是在弹性体内满足平衡微分方程和在 $S_\sigma$ 上满足静力边界条件.

### 6.1.3　最小势能原理

由以上论述可知, 弹性应变能可写为式 (6.2) 的形式, 该式也称弹性体的形变势能.

为了讨论系统的总势能, 将外力在实际位移上所做的功冠以负号, 称为外力势能, 其公式可写为

$$W_F = -\iiint\limits_{V} (F_x u + F_y v + F_z w)\mathrm{d}V - \iint\limits_{S_\sigma} (\overline{F}_x u + \overline{F}_y v + \overline{F}_z w)\mathrm{d}S \quad (6.11)$$

则弹性体的总势能为

$$\Pi = W_D + W_F \tag{6.12}$$

最小势能原理指出: 在给定的外力作用下, 在满足位移边界条件的所有各种位移中, 真实的位移应使系统的总势能取最小值. 最小势能原理要求:

$$\delta\Pi = \delta(W_D + W_F) = 0 \tag{6.13}$$

位移变分方程、虚功方程和最小势能原理实际上都是能量守恒原理的具体反映, 只是数学表达式上有所不同.

### 6.1.4  虚力原理

设弹性体在外力作用下处于平衡, 则作为真正的应力分量既满足平衡微分方程和静力边界条件, 又满足应力协调方程. 现在如在不破坏平衡的前提下给应力分量一个微小的改变, 如 $\sigma'_x = \sigma_x + \delta\sigma_x$, 其中, $\sigma_x$ 为真正的应力分量, $\delta\sigma_x$ 称为**虚应力**或应力的变分.

虚力原理指出: 在已知位移的边界上, 虚设外力在真实位移上做的功等于整个弹性体的虚应力在真实变形中所做的功.

$$\delta W_D^* = \iint\limits_{S_u} \left( \bar{u}\delta\bar{F}_x + \bar{v}\delta\bar{F}_y + \bar{w}\delta\bar{F}_z \right) \mathrm{d}S \tag{6.14}$$

该方程称为应力变分方程, 又称虚应力方程.

### 6.1.5  最小余能原理

上面应力变分方程又可以写成另一种形式, 在式 (6.14) 中, 由于在 $S_u$ 上位移是给定的, 所以, 变分号可以提到积分号外, 从而可以写成

$$\delta\left[ W_D^* - \iint\limits_{S_u} \left( \bar{u}\bar{F}_x + \bar{v}\bar{F}_y + \bar{w}\bar{F}_z \right) \mathrm{d}S \right] = 0 \tag{6.15}$$

令

$$\Pi^* = W_D^* - \iint\limits_{S_u} \left( \bar{u}\bar{F}_x + \bar{v}\bar{F}_y + \bar{w}\bar{F}_z \right) \mathrm{d}S \tag{6.16}$$

式中 $\Pi^*$ 称为弹性体的总余能.

由式 (6.15) 可知, 最小余能原理可写为

$$\delta\Pi^* = 0 \tag{6.17}$$

式 (6.17) 表示, 总余能的一阶变分为零, 表明真正的应力使总余能取驻值. 进一步分析可知, 对于稳定的平衡状态, 真正的应力使总余能取最小值, 称为最小余能原理. **最小余能原理**指出: 即在所有静力可能的应力中, 实际的应力使总余能取最小值.

由于实际的应力除满足平衡微分方程和静力边界条件外, 还需满足以应力表示的协调方程. 而现在又证明了实际的应力除满足平衡微分方程和静力边界条件外, 还需满足应力变分方程或总余能的极值条件. 因此, 应力变分方程或总余能取极值的条件应等价于以应力表示的应变协调方程和位移边界条件.

## 6.2　近 似 解 法

基于能量原理的近似计算方法很多, 本节仅介绍较为常用的、基于最小势能原理的瑞利-里茨法和伽辽金法. 这两种方法通过设定位移分量的函数形式, 并使其满足求解问题的边界条件, 然后利用位移变分方程确定其中的待定常数, 进而求得位移场.

### 6.2.1　瑞利-里茨法

首先, 选取一组允许位移:

$$\begin{cases} u = u_0\left(x, y, z\right) + \sum_m a_m u_m\left(x, y, z\right) \\ v = v_0\left(x, y, z\right) + \sum_m b_m v_m\left(x, y, z\right) \\ w = w_0\left(x, y, z\right) + \sum_m c_m w_m\left(x, y, z\right) \end{cases} \tag{6.18a}$$

式中 $u_0, v_0, w_0$ 和 $u_m, v_m, w_m$ 均为坐标 $x, y, z$ 的已知函数, $a_m, b_m$ 和 $c_m$ 为待定的任意常数, 并在边界 $S_u$ 上有

$$u_0 = \bar{u}, \quad v_0 = \bar{v}, \quad w_0 = \bar{w}$$
$$u_m = 0, \quad v_m = 0, \quad w_m = 0$$

其次, 利用最小势能原理来求所设允许位移函数中的待定系数.

位移的变分为

$$\delta u = \sum_m u_m(x, y)\delta a_m, \quad \delta v = \sum_m v_m(x, y)\delta b_m, \quad \delta w = \sum_m w_m(x, y)\delta c_m \tag{6.18b}$$

总势能 $\Pi$ 取极值的条件为

$$\delta \Pi = \sum_m \frac{\partial \Pi}{\partial a_m}\delta a_m + \sum_m \frac{\partial \Pi}{\partial b_m}\delta b_m + \sum_m \frac{\partial \Pi}{\partial c_m}\delta c_m = 0$$

由于变分 $\delta a_m, \delta b_m, \delta c_m$ 的任意性, 欲使上式满足, 则 $\delta a_m, \delta b_m, \delta c_m$ 的系数必为零, 于是得

$$\frac{\partial \Pi}{\partial a_m} = 0, \quad \frac{\partial \Pi}{\partial b_m} = 0, \quad \frac{\partial \Pi}{\partial c_m} = 0$$

考虑到式 (6.7) 和 (6.18b), 上式可写成

$$\begin{cases} \dfrac{\partial W_D}{\partial a_m} = \iiint\limits_{V} F_x u_m \mathrm{d}V + \iint\limits_{S_\sigma} \bar{F}_x u_m \mathrm{d}S \\[3mm] \dfrac{\partial W_D}{\partial b_m} = \iiint\limits_{V} F_y v_m \mathrm{d}V + \iint\limits_{S_\sigma} \bar{F}_y v_m \mathrm{d}S \\[3mm] \dfrac{\partial W_D}{\partial c_m} = \iiint\limits_{V} F_z w_m \mathrm{d}V + \iint\limits_{S_\sigma} \overline{F}_z w_m \mathrm{d}S \end{cases} \tag{6.19}$$

这是一组以 $a_m$, $b_m$ 和 $c_m(m = 1, 2, 3, \cdots)$ 为未知数的线性的非齐次代数方程组, 解出了系数 $a_m$, $b_m$ 和 $c_m$, 代入式 (6.18a), 就得到位移的近似解答. 这种方法称为**瑞利-里茨法**.

### 6.2.2 伽辽金法

如果所选择的位移函数式 (6.18a) 不仅满足 $S_u$ 上的位移边界条件, 而且还满足 $S_\sigma$ 上的静力边界条件, 则由位移变分方程推导得出的方程 (6.10) 可以简化为

$$\iiint\limits_{v} \left[ \left( \frac{\partial \sigma_x}{\partial x} + \frac{\partial \tau_{yx}}{\partial y} + \frac{\partial \tau_{zx}}{\partial z} + F_x \right) \delta u + \left( \frac{\partial \tau_{xy}}{\partial x} + \frac{\partial \sigma_y}{\partial y} + \frac{\partial \tau_{zy}}{\partial z} + F_y \right) \delta v \right.$$
$$\left. + \left( \frac{\partial \tau_{xz}}{\partial x} + \frac{\partial \tau_{yz}}{\partial y} + \frac{\partial \sigma_z}{\partial z} + F_z \right) \delta w \right] \mathrm{d}V = 0 \tag{6.20}$$

如果

$$\delta u = \sum_m u_m \delta a_m$$
$$\delta v = \sum_m v_m \delta b_m$$
$$\delta w = \sum_m w_m \delta c_m$$

式 (6.20) 变为

$$\sum_m \iiint\limits_{V} \left[ \left( \frac{\partial \sigma_x}{\partial x} + \frac{\partial \tau_{yx}}{\partial y} + \frac{\partial \tau_{zx}}{\partial z} + X \right) u_m \delta a_m + \left( \frac{\partial \tau_{xy}}{\partial x} + \frac{\partial \sigma_y}{\partial y} + \frac{\partial \tau_{zy}}{\partial z} + Y \right) v_m \delta b_m \right.$$
$$\left. + \left( \frac{\partial \tau_{xz}}{\partial x} + \frac{\partial \tau_{yz}}{\partial y} + \frac{\partial \sigma_z}{\partial z} + Z \right) w_m \delta c_m \right] \mathrm{d}V = 0$$

由于 $\delta a_m, \delta b_m, \delta c_m$ 彼此独立且完全任意, 故上式成立的条件为

$$\begin{cases} \iiint\limits_V \left( \frac{\partial \sigma_x}{\partial x} + \frac{\partial \tau_{yx}}{\partial y} + \frac{\partial \tau_{zx}}{\partial z} + F_x \right) u_m \mathrm{d}V = 0 \\ \iiint\limits_V \left( \frac{\partial \tau_{xy}}{\partial x} + \frac{\partial \sigma_y}{\partial y} + \frac{\partial \tau_{zy}}{\partial z} + F_y \right) v_m \mathrm{d}V = 0 \qquad (m = 1, 2, 3, \cdots) \\ \iiint\limits_V \left( \frac{\partial \tau_{xz}}{\partial x} + \frac{\partial \tau_{yz}}{\partial y} + \frac{\partial \sigma_z}{\partial z} + F_z \right) w_m \mathrm{d}V = 0 \end{cases} \qquad (6.21)$$

将式 (6.18a) 代入几何方程求应变分量, 再通过物理方程求应力分量, 代入式 (6.19), 可以看出方程 (6.21) 是线性非齐次代数方程组, 求得了 $a_m, b_m, c_m$, 代入式 (6.18), 即得位移的近似解答. 方程 (6.21) 也可以用位移表示, 于是有

$$\begin{cases} \iiint\limits_V \left( (\lambda + G) \frac{\partial \theta}{\partial x} + G \nabla^2 u + F_x \right) u_m \mathrm{d}V = 0 \\ \iiint\limits_V \left( (\lambda + G) \frac{\partial \theta}{\partial y} + G \nabla^2 v + F_y \right) v_m \mathrm{d}V = 0 \qquad (m = 1, 2, 3, \cdots) \\ \iiint\limits_V \left( (\lambda + G) \frac{\partial \theta}{\partial z} + G \nabla^2 w + F_z \right) w_m \mathrm{d}V = 0 \end{cases} \qquad (6.22)$$

这种方法称为**伽辽金法**.

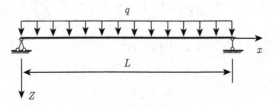

图 6.2　简支梁

**例 6.1**　利用近似解法求简支梁的挠度.
两端简支的等截面梁, 如图 6.2 所示, 承受均布荷载 $q$ 作用, 试求挠度 $w(x)$.
**解**　该问题总势能为

$$\Pi = \frac{EI_y}{2} \int_0^L \left( \frac{\mathrm{d}^2 w}{\mathrm{d}x^2} \right)^2 \mathrm{d}x - \int_0^L q w \mathrm{d}x \qquad (6.23)$$

为使两端的约束条件得到满足, 即要求 $x = 0, L$ 处的 $w = 0$, 所以, 取挠度

$$w = \sum_m C_m \sin \frac{m\pi x}{L} \qquad (6.24)$$

代入式 (6.23), 得

$$\Pi = \frac{EI_y\pi^4}{4L^3}\sum_m m^4 C_m^2 - \frac{2qL}{\pi}\sum_{m=1,3,\dots}\frac{C_m}{m}$$

由瑞利–里茨法, 有 $\dfrac{\partial\Pi}{\partial C_m}=0$, 可得

$$\frac{EI_y\pi^4}{2L^3}m^4 C_m^2 - \frac{2qL}{\pi}\frac{1}{m}=0 \quad (m\text{为奇数})$$

$$\frac{EI_y\pi^4}{2L^3}m^4 C_m^2 = 0 \quad (m\text{为偶数})$$

代入式 (6.24), 得

$$w = \frac{4qL^4}{EI_y\pi^5}\sum_{m=1,3,5,\dots}\frac{1}{m^5}\sin\frac{m\pi x}{L} \tag{6.25}$$

如果挠度表达式 (6.25) 取无穷多项, 即为无穷级数, 则它恰好给出问题的精确解. 这个级数收敛很快, 取少数几项就可以达到足够的精度. 最大的挠度发生在梁的中间, 即 $x=\dfrac{L}{2}$ 处, 于是有

$$w_{\max} = \frac{4qL^4}{EI_y\pi^5}\left(1 - \frac{1}{3^5} + \frac{1}{5^5} - \cdots\right)$$

只取一项, 得

$$w_{\max} = \frac{qL^4}{76.6EI_y}$$

与精确值十分接近.

由于式 (6.24) 表示的挠度求二阶导数后仍为正弦函数, 故二阶导数在 $x=0, L$ 处的值为零. 这表示它不仅满足位移边界条件, 而且还满足力的边界条件 (两端的弯矩为零). 因此, 这样的挠度试函数还可以用伽辽金法求解. 由伽辽金方程 (6.22) 可得

$$\int_0^L\left(EI_y\frac{\partial^4 w}{\partial x^4}-q\right)\sin\frac{m\pi x}{L}\mathrm{d}x = 0$$

将式 (6.24) 代入上式并进行积分, 得 $C_m$ 所满足的方程, 求解可得

$$C_m = \frac{4qL^4}{EI_y\pi^5}\frac{1}{m^5} \quad (m\text{为奇数})$$

$$C_m = 0 \quad (m\text{为偶数})$$

可见所得的结果与上面相同.

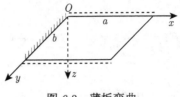

图 6.3　薄板弯曲

**例 6.2**　利用近似解法求薄板的挠度.

边长分别为 $a$ 和 $b$ 的矩形薄板, 前、后两对边为简支, 左边固定, 右边自由, 受均布荷载 $q$ 作用, 坐标选取如图 6.3 所示, 求该薄板的挠度 $w$.

**解**　本问题的位移边界条件为

$$
\begin{cases}
(w)_{x=0} = 0, & \left(\dfrac{\partial w}{\partial x}\right)_{x=0} = 0 \\[2mm]
(w)_{y=0} = 0, & \left(\dfrac{\partial w}{\partial x}\right)_{y=b} = 0
\end{cases}
$$

若挠度函数取为

$$
w = A_1 \left(\frac{x}{a}\right)^2 \sin \frac{\pi y}{b} \tag{6.26}
$$

它能满足全部位移边界条件.

按照薄板弯曲的基本假设, 有 $\varepsilon_z = \gamma_{xz} = \gamma_{yz} = 0$, 于是, 薄板弯曲问题的应变能为

$$
W_D = \frac{1}{2} \iiint (\sigma_x \varepsilon_x + \sigma_y \varepsilon_y + \tau_{xy} \gamma_{xy}) \mathrm{d}x \mathrm{d}y \mathrm{d}z
$$

将薄板理论中应力及应变与位移的关系代入上式, 经整理后可将应变能用挠度 $w$ 表示为

$$
W_D = \frac{E}{2(1-\nu^2)} \iiint z^2 \left\{ (\nabla^2 w)^2 - 2(1-\nu)\left[\frac{\partial^2 w}{\partial x^2}\frac{\partial^2 w}{\partial y^2} - \left(\frac{\partial^2 w}{\partial x \partial y}\right)^2\right]\right\} \mathrm{d}x \mathrm{d}y \mathrm{d}z
$$

因为 $w$ 仅是 $x$, $y$ 的函数, 与 $z$ 无关, 将上式对 $z$ 积分, 并考虑到薄板的抗弯刚度为 $D = \dfrac{Eh^3}{12(1-\nu^2)}$, 则对于等厚度薄板应变能为

$$
W_D = \frac{D}{2} \iint z^2 \left\{ (\nabla^2 w)^2 - 2(1-\nu)\left[\frac{\partial^2 w}{\partial x^2}\frac{\partial^2 w}{\partial y^2} - \left(\frac{\partial^2 w}{\partial x \partial y}\right)^2\right]\right\} \mathrm{d}x \mathrm{d}y \tag{6.27}
$$

现将式 (6.26) 代入式 (6.27), 得

$$
W_D = \frac{D}{2} \int_0^a \int_0^b \left[\left(\frac{2}{a^2}A_1 \sin\frac{\pi y}{b} - \frac{\pi^2}{a^2 b^2}A_1 x^2 \sin\frac{\pi y}{b}\right)^2\right.
$$

$$- 2(1 - \nu) \left( -\frac{2\pi^2}{a^4 b^2} A_1^2 x^2 \sin^2 \frac{\pi y}{b} - \frac{4\pi^2}{a^4 b^2} A_1^2 x^2 \cos^2 \frac{\pi y}{b} \right) \Bigg] \mathrm{d}x \mathrm{d}y$$

$$= \frac{D A_1^2}{2} \left[ 2 + \left( \frac{4}{3} - 2\nu \right) \left( \frac{\pi a}{b} \right)^2 + \frac{1}{10} \left( \frac{\pi a}{b} \right)^4 \right] \frac{b}{a^3}$$

另外

$$W_F = \iint q w \mathrm{d}x \mathrm{d}y = \int_0^a \int_0^b q A_1 \left( \frac{x}{a} \right)^2 \sin \frac{\pi y}{b} \mathrm{d}x \mathrm{d}y = \frac{2abq}{3\pi} A_1$$

则总势能为

$$\Pi = W_D - W_F$$

$$= \frac{D A_1^2}{2} \left[ 2 + \left( \frac{4}{3} - 2\nu \right) \left( \frac{\pi a}{b} \right)^2 + \frac{1}{10} \left( \frac{\pi a}{b} \right)^4 \right] \frac{b}{a^3} - \frac{2abq}{3\pi} A_1$$

由 $\dfrac{\partial \Pi}{\partial A_1} = 0$ ，求得 $A_1$ 后，最后得

$$w = \frac{2q a^2 x^2 \sin \dfrac{\pi y}{b}}{3\pi D \left[ 2 + \left( \dfrac{4}{3} - 2\nu \right) \left( \dfrac{\pi a}{b} \right)^2 + \dfrac{1}{10} \left( \dfrac{\pi a}{b} \right)^4 \right]}$$

当 $a = b, \nu = 0.3$ 时，自由边中点 $(x = a, y = b/2)$ 处挠度为

$$w = 0.0112 \frac{a^4 q}{D}$$

当精确解相比，只有 1% 的误差.

**例 6.3**　受均布荷载薄板弯曲问题理论解与有限元数值解的对比分析.

若取例 6.2 中矩形薄板的长度为 1m, 宽度也为 1m, 板厚: 0.008m, 弹性模量为 $3 \times 10^4$MPa, 泊松比为 0.3, 承受均布压力, 大小为 $20k$Pa, 边界条件为一端固定、两对边简支. 计算采用 ABAQUS 有限元分析软件进行分析, 选用四节点减缩积分线性位移模式薄板单元, 其有限元网格剖分图如图 6.4 所示.

计算结果为: 自由边中点 $(1, 0.5)$ 处挠度的有限元数值解为 0.159251m, 与上例的理论解 (挠度 0.159250m) 相吻合. 从图 6.5 可见, 该薄板在自由端中间区域的挠度最大.

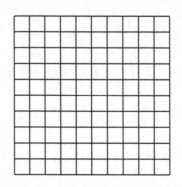

图 6.4　薄板的有限元剖分网格

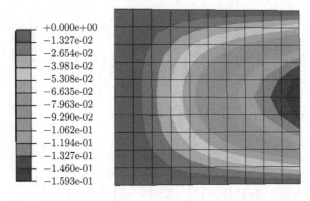

```
+0.000e+00
-1.327e-02
-2.654e-02
-3.981e-02
-5.308e-02
-6.635e-02
-7.963e-02
-9.290e-02
-1.062e-01
-1.194e-01
-1.327e-01
-1.460e-01
-1.593e-01
```

图 6.5　该薄板挠度分布规律研究的云图 (详见书后彩页)

　　通过本研究算例可知, 利用有限元数值分析工具可以获得比理论分析更多的数据信息, 是配合理论分析的工具, 更是分析复杂问题的有力工具.

# 思考题与习题 6

**6-1**　简述为什么可以用能量法求解弹性力学问题.

**6-2**　试将应变能密度用应力分量表示.

**6-3**　试推导出弹性体应变能用位移表达的公式.

**6-4**　试通过公式推导证明空间弹性体的虚功方程与三维弹性力学问题的平衡方程和边界条件等效.

**6-5**　试推导出等厚度薄板应变能用挠度 $w$ 表示的公式.

**6-6**　如图 6.6 所示, 一矩形平板, 其三边固定, 而上边 (自由边) 具有给定位移: $(u)_{y=b} = 0, (v)_{y=b} = -c\left(1 - x^2/a^2\right)$. 现不计体力, 试用瑞利–里茨法求位移. 设该

平面应力问题的位移分量为

$$u = A_1 \frac{xy}{ab}\left(1 - \frac{x^2}{a^2}\right)\left(1 - \frac{y}{b}\right), \quad v = -c\left(1 - \frac{x^2}{a^2}\right)\frac{y}{b} + B_1 \frac{y}{b}\left(1 - \frac{x^2}{a^2}\right)\left(1 - \frac{y}{b}\right)$$

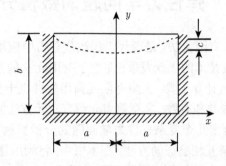

图 6.6　平板受给定位移

# 第 7 章　弹性力学问题的数值分析方法

有限单元法 (简称有限元法) 是现代工程数值分析中应用广泛的一种方法. 近几十年来, 随着计算机技术的飞跃发展, 促进了有限元法的发展, 使其成为解决工程问题的强有力的数值计算工具. 大型有限元商用软件也十分普及, 对复杂的弹性力学问题的求解非常成熟和有效. 本章重点介绍有限元方法的基本概念、基本原理和各种单元的特点, 给出几个复杂弹性力学问题的分析算例. 此外, 有限元数值解也可作为一种与理论解互相验证的方法. 在本书中, 将利用这一现代结构分析工具对各章的一些理论分析方法算例进行验证和分析.

## 7.1　有限元法的解题思路

### 7.1.1　有限元法的发展简史

有限元法 (Finite Element Methods, FEM) 是计算力学的重要分支, 是一种将物体或工程结构离散化以进行力学分析的数值方法. 有限元法基本思想的提出可以追溯到 1943 年 Courant 的工作, 他第一次应用定义在三角形区域上的分片连续函数和最小位能原理, 求出了 St. Venant 扭转问题的近似解. 现代有限元法的第一个成功尝试是 Turner、Clough 等于 1956 年分析飞机结构时得到的, 他们第一次用三角形单元求得了平面应力问题的解答. 1960 年, Clough 第一次提出了 "有限单元法" 的名称. 后来学者们的研究工作又为有限元法的理论奠定了基础, 并且证明基于多种变分原理都可以建立有限元的求解方程. 1965 年冯康发表了论文 "基于变分原理的差分格式", 这篇论文是国际学术界承认我国独立发展有限元方法的主要依据. 近年来, 随着计算机技术的发展和广泛应用, 有限元法得到了迅速发展, 已经成为处理力学、物理、工程等问题的有效方法之一.

目前在科学与工程计算中得到广泛采用的有限元法, 是常规的位移协调元方法, 它是一种按位移来求解的有限单元法, 也称为刚度法. 它以最小势能原理作为理论基础, 而且要求它所采用的离散化结构必须满足位移连续性, 即结构单元内、相邻单元边界上均应保持位移协调的条件. 但是这种传统的有限元法在解决一些问题时, 也遇到了其固有的缺陷, 如高速撞击时所产生的结构几何畸变问题、裂纹在任意方向上的扩展问题、铸造成形过程中所遇到的大变形问题以及高频振荡问题等. 这些问题的相似之处为: 在计算过程中网格会产生很大的畸变, 也就是我们所说的网格畸变敏感问题. 在有限元法的计算中, 其插值函数依赖于网格, 网格一旦发生畸变, 那么其计算精度就可能会随着网格畸变程度的加深而急剧下降, 甚至得到错误的解答或者计算被迫终止, 在几何非线性的大变形问题中网格畸变敏感问题更为严重, 这同时也给网格剖分技术带来了难题.

有限元的理论和方法发展到今天, 人们不再满足于仅仅采用常规的位移协调元方法. 1960 年代发展起来的非协调元、杂交元和混合元在实践中日益显示出巨大的优越性和发展的潜力, 近年来成为力学界、工程界和数学家们的一个中心议题. Fraeijs de Veubeke 在 1964 年将变分原理用作有限元基础建立了平衡元, 其研究基于余能原理的应力平衡元法寻求力学问题的上限解是一些学者所关心的课题. 传统的应力平衡元法的求解思路通常是先构造单元的应力插值函数, 再通过积分求解出单元的柔度矩阵. 但是由于插值函数的选择要保证应力在单元内、单元交界和应力边界上均保持平衡, 一般较难选择 (除杆、梁单元外); 在应力分量求出后, 位移的求解较为困难, 这就使应力平衡元法的应用受到较大的限制. 此外, 传统的应力平衡元法的单元柔度矩阵一般不能得出积分显式, 需进行数值积分. 在这种求解框架下, 寻求应力平衡元法的进一步突破较为困难. 卞学鐄于 1964 建立基于多场变分原理建立了杂交元 (某些场变量仅在单元交界面定义) 的表达式; Tong 提出了杂交位移元表达格式; Wilson 等提出了非协调位移元表达格式. Herrmann 于 1965 用 Hellinger-Reisser 变分原理建立起混合型 (单元内包括多个场变量) 的有限元表达格式; 唐立民等提出的拟协调元; 钟万勰等研究的理性有限元; 龙驭球等研究的广义协调元和分区混合元等等. 还有许多学者为推进有限元法的发展做出了贡献.

有限元法除了基本原理及其算法外, 最重要的是计算过程所依赖的计算机程序和软件. 计算机硬件水平的快速提高以及 CAD/CAE (Computer Aided Design/ Computer Aided Engineering) 技术的发展为有限元软件的发展奠定了重要基础. 由于大型复杂结构力学行为模拟的强大需求, 促使现在的有限元软件呈现出大规模、综合性以及集成性的发展趋势, 使得多场耦合分析变得更为方便. 目前在国际上具有相当影响力的大型商用软件如: SAP、ABAQUS、ANSYS、ADINA 等, 这些软件的计算功能十分强大, 可以用于求解各种工程问题.

本章仅介绍经典位移协调元的基本原理, 一些常用单元的特性, 以及几个应用新型有限元方法解决复杂工程问题的算例.

### 7.1.2 有限元法的解题思路

有限元法的基本思路如下.

(1) **离散化** 将一个复杂的结构或连续体划分为有限个单元的组合体, 各单元之间在节点处连接, 荷载也要等效为节点荷载.

(2) **单元分析** 先进行分片近似, 建立各单元的位移模式, 找到单元中任一点的位移与节点位移的关系, 然后再利用虚功原理或最小势能原理建立单元的平衡方程 (刚度方程).

(3) **整体分析**　将单元刚度矩阵集成为整体刚度矩阵, 建立结构各节点的平衡方程 (整体刚度方程), 然后在边界条件下进行求解, 得到结构中各节点的位移, 进而可得各单元的应变和应力.

这样先分后合及分片近似的方法, 在物理上就将一个无限自由度的问题转化为有限自由度的问题; 在数学上就将偏微分方程的边值问题转化为求解线性代数方程的问题.

### 7.1.3　弹性力学基本方程的矩阵表示

有限元方法通常利用矩阵来推导数学模型. 下面给出弹性力学基本力学量和基本方程的矩阵表达式.

(1) 体积力列向量

$$\boldsymbol{F} = \left\{ \begin{array}{c} F_x \\ F_y \\ F_z \end{array} \right\} = \begin{bmatrix} F_x & F_y & F_z \end{bmatrix}^{\mathrm{T}} \tag{7.1}$$

式中, 矢量 (向量) 可用粗斜体符号表示或列阵表示, 上标 T 表示矩阵的转置.

(2) 面力列向量

$$\boldsymbol{F} = \left\{ \begin{array}{c} \overline{F}_x \\ \overline{F}_y \\ \overline{F}_z \end{array} \right\} = \begin{bmatrix} \overline{F}_x & \overline{F}_y & \overline{F}_z \end{bmatrix}^{\mathrm{T}} \tag{7.2}$$

(3) 位移列向量

$$\boldsymbol{u} = \left\{ \begin{array}{c} u \\ v \\ w \end{array} \right\} = \begin{bmatrix} u & v & w \end{bmatrix}^{\mathrm{T}} \tag{7.3}$$

(4) 应力列向量

$$\boldsymbol{\sigma} = \left\{ \begin{array}{c} \sigma_x \\ \sigma_y \\ \sigma_z \\ \tau_{xy} \\ \tau_{yz} \\ \tau_{zx} \end{array} \right\} = \begin{bmatrix} \sigma_x & \sigma_y & \sigma_z & \tau_{xy} & \tau_{yz} & \tau_{zx} \end{bmatrix}^{\mathrm{T}} \tag{7.4}$$

(5) 应变列向量

$$\boldsymbol{\varepsilon} = \left\{ \begin{array}{c} \varepsilon_x \\ \varepsilon_y \\ \varepsilon_z \\ \gamma_{xy} \\ \gamma_{yz} \\ \gamma_{zx} \end{array} \right\} = [\varepsilon_x \ \ \varepsilon_y \ \ \varepsilon_z \ \ \gamma_{xy} \ \ \gamma_{yz} \ \ \gamma_{zx}]^{\mathrm{T}} \tag{7.5}$$

(6) 几何方程.

空间问题的几何方程为

$$\begin{cases} \varepsilon_x = \dfrac{\partial u}{\partial x}, \quad \varepsilon_y = \dfrac{\partial v}{\partial y}, \quad \varepsilon_z = \dfrac{\partial w}{\partial z}, \\ \gamma_{xy} = \dfrac{\partial u}{\partial y} + \dfrac{\partial v}{\partial x} = \gamma_{yx}, \quad \gamma_{yz} = \dfrac{\partial v}{\partial z} + \dfrac{\partial w}{\partial y} = \gamma_{zy}, \quad \gamma_{zx} = \dfrac{\partial u}{\partial z} + \dfrac{\partial w}{\partial x} = \gamma_{xz} \end{cases}$$

其矩阵形式为

$$\boldsymbol{\varepsilon} = \boldsymbol{L}\boldsymbol{u} \tag{7.6}$$

其中, $\boldsymbol{L}$ 为微算子,

$$\boldsymbol{L} = \begin{bmatrix} \dfrac{\partial}{\partial x} & 0 & 0 \\[2mm] 0 & \dfrac{\partial}{\partial y} & 0 \\[2mm] 0 & 0 & \dfrac{\partial}{\partial z} \\[2mm] \dfrac{\partial}{\partial y} & \dfrac{\partial}{\partial x} & 0 \\[2mm] 0 & \dfrac{\partial}{\partial z} & \dfrac{\partial}{\partial y} \\[2mm] \dfrac{\partial}{\partial z} & 0 & \dfrac{\partial}{\partial x} \end{bmatrix}$$

(7) 物理方程

$$\boldsymbol{\sigma} = \boldsymbol{D}\boldsymbol{\varepsilon} \tag{7.7}$$

式中, $\boldsymbol{D}$ 为弹性矩阵,

$$\boldsymbol{D} = \frac{E(1-\nu)}{(1+\nu)(1-2\nu)} \begin{bmatrix} 1 & \dfrac{\nu}{1-\nu} & \dfrac{\nu}{1-\nu} & 0 & 0 & 0 \\[2mm] & 1 & \dfrac{\nu}{1-\nu} & 0 & 0 & 0 \\[2mm] & & 1 & 0 & 0 & 0 \\[2mm] & & & \dfrac{1-2\nu}{2(1-\nu)} & 0 & 0 \\[2mm] & 对称 & & & \dfrac{1-2\nu}{2(1-\nu)} & 0 \\[2mm] & & & & & \dfrac{1-2\nu}{2(1-\nu)} \end{bmatrix} \tag{7.8}$$

对于平面应力问题, 弹性矩阵为

$$D = \frac{E}{1-\nu^2} \begin{bmatrix} 1 & \nu & 0 \\ \nu & 1 & 0 \\ 0 & 0 & \dfrac{1-\nu}{2} \end{bmatrix} \tag{7.9}$$

对于平面应变问题, 弹性矩阵仍可采用式 (7.9), 但需将式中的弹性常数 $E$ 换为 $\dfrac{E}{1-\nu^2}$, $\nu$ 换为 $\dfrac{\nu}{1-\nu}$. 此时, 相应的弹性矩阵为

$$D = \frac{E}{(1+\nu)(1-2\nu)} \begin{bmatrix} 1 & \dfrac{\nu}{1-\nu} & 0 \\ \dfrac{\nu}{1-\nu} & 1 & 0 \\ 0 & 0 & \dfrac{1-2\nu}{2(1-\nu)} \end{bmatrix} \tag{7.10}$$

## 7.2   有限元法的基本原理

### 7.2.1   建立位移模式

在有限元法中, 以单元的节点位移作为基本未知量, 其组成的单元节点位移列向量 (列阵) 可表示为

$$\boldsymbol{\Delta}^e = \begin{bmatrix} u_i & v_i & w_i & u_j & v_j & w_j & \cdots \end{bmatrix}^{\mathrm{T}} \tag{7.11}$$

通过引入插值函数 (也称形函数), 将单元中任一点的位移用单元节点表示, 其关系表达式称为位移模式

$$\boldsymbol{u} = \boldsymbol{N}\boldsymbol{\Delta}^e \tag{7.12}$$

位移模式选择得是否恰当, 直接决定有限元法的计算精度和收敛性. 为了使位移模式尽可能地逼近真实位移, 它应满足下列条件:

(1) 位移模式应反映单元的刚体位移;

(2) 位移模式应反映单元的常应变;

(3) 位移模式要反映单元之间的位移连续性.

### 7.2.2   求解应变和应力矩阵

将位移模式 (7.12) 代入几何方程 (7.6), 可得单元应变与节点位移的关系

$$\boldsymbol{\varepsilon} = \boldsymbol{B}\boldsymbol{\Delta}^e \tag{7.13}$$

式中 $\boldsymbol{B}$ 称为应变矩阵, 可以通过对形函数的偏导数得到.

将上面几何方程 (7.13) 代入物理方程 (7.7), 可将单元的应力也用节点位移表示

$$\boldsymbol{\sigma} = \boldsymbol{D}\boldsymbol{\varepsilon} = \boldsymbol{D}\boldsymbol{B}\boldsymbol{\Delta}^e = \boldsymbol{S}\boldsymbol{\Delta}^e \tag{7.14}$$

式中 $\boldsymbol{S}$ 称为应力矩阵, $\boldsymbol{S} = \boldsymbol{D}\boldsymbol{B}$.

### 7.2.3 建立有限元基本方程

(1) 单元平衡方程.

由变分原理可知, 平衡微分方程和应力边界条件与最小势能原理给出的方程等价, 单元的总势能可写为

$$\Pi^e = \int_V \left( \frac{1}{2}\boldsymbol{\varepsilon}^{\mathrm{T}}\boldsymbol{\sigma} - \boldsymbol{u}^{\mathrm{T}}\boldsymbol{F} \right) \mathrm{d}V - \int_{S_\sigma} \boldsymbol{u}^{\mathrm{T}}\bar{\boldsymbol{F}}\mathrm{d}S \tag{7.15}$$

式中, $\boldsymbol{\sigma}, \boldsymbol{\varepsilon}$ 和 $\boldsymbol{u}$ 分别为单元的应力列阵、应变列阵和位移列阵, T 为矩阵的转置符号, $\boldsymbol{F}$ 为单元体积力列向量, $\bar{\boldsymbol{F}}$ 为单元给定的面力列阵, $V$ 为单元的体积, $S$ 为单元的面积, $S_\sigma$ 为给定的应力边界.

将几何方程 (7.13)、物理方程 (7.14) 和位移模式 (7.12) 代入式 (7.15), 可得

$$\Pi^e = \int_V \left( \frac{1}{2}(\boldsymbol{B}\boldsymbol{\Delta}^e)^{\mathrm{T}}\boldsymbol{S}\boldsymbol{\Delta}^e - (\boldsymbol{N}\boldsymbol{\Delta}^e)^{\mathrm{T}}\boldsymbol{F} \right) \mathrm{d}V - \int_{S_\sigma} (\boldsymbol{N}\boldsymbol{\Delta}^e)^{\mathrm{T}}\bar{\boldsymbol{F}}\mathrm{d}S$$

考虑到 $\boldsymbol{S} = \boldsymbol{D}\boldsymbol{B}$, 上式还可进一步简化为

$$\Pi^e = \int_V \left( \frac{1}{2}\boldsymbol{\Delta}_e^{\mathrm{T}}\boldsymbol{B}^{\mathrm{T}}\boldsymbol{D}\boldsymbol{B}\boldsymbol{\Delta}^e - \boldsymbol{\Delta}_e^{\mathrm{T}}\boldsymbol{N}^{\mathrm{T}}\boldsymbol{F} \right) \mathrm{d}V - \int_{S_\sigma} \boldsymbol{\Delta}_e^{\mathrm{T}}\boldsymbol{N}^{\mathrm{T}}\bar{\boldsymbol{F}}\mathrm{d}S \tag{7.16}$$

根据最小势能原理, 在满足位移边界条件的所有可能位移 $\boldsymbol{\Delta}^e$ 中, 真实的位移以及满足应力边界条件的应力将使单元的总势能取极值, 即单元总势能的变分等于零

$$\delta\Pi^e = 0 \tag{7.17}$$

根据式 (7.17), 将式 (7.16) 对单元位移列阵 $\boldsymbol{\Delta}^e$ 进行变分, 可得

$$\int_V \boldsymbol{B}^{\mathrm{T}}\boldsymbol{D}\boldsymbol{B}\mathrm{d}V \boldsymbol{\Delta}^e = \int_V \boldsymbol{N}^{\mathrm{T}}\boldsymbol{F}\mathrm{d}V + \int_{S_\sigma} \boldsymbol{N}^{\mathrm{T}}\bar{\boldsymbol{F}}\mathrm{d}S \tag{7.18}$$

令

$$\boldsymbol{K}^e = \int_V \boldsymbol{B}^{\mathrm{T}}\boldsymbol{D}\boldsymbol{B}\mathrm{d}V \tag{7.19}$$

$$\boldsymbol{F}^e = \int_V \boldsymbol{N}^{\mathrm{T}}\boldsymbol{F}\mathrm{d}V + \int_{S_\sigma} \boldsymbol{N}^{\mathrm{T}}\bar{\boldsymbol{F}}\mathrm{d}S \tag{7.20}$$

式中 $\boldsymbol{K}^e$ 为单元刚度矩阵, $\boldsymbol{F}^e$ 为单元的等效荷载列阵.

则式 (7.18) 可写为

$$K^e \Delta^e = F^e \qquad (7.21)$$

该式为单元的平衡方程, 也称为单元的刚度方程. 在有限元法中, 不同的单元有不同的位移模式和单元刚度矩阵, 均可以从有关有限元法的书籍中查到. 本书侧重于介绍有限元的基本概念和基本原理, 一些基本的推导训练将放在课后习题中进行.

(2) 结构的平衡方程.

由于单元分析已经考虑了单元的平衡, 结构的平衡主要是要考虑节点的平衡, 即各单元给节点作用力与等效节点荷载平衡

$$\sum F^e = P$$

将式 (7.21) 代入上式, 可得

$$\sum (K^e \Delta^e) = P$$

或写为

$$K \Delta = P \qquad (7.22)$$

式中 $K$ 为结构的刚度矩阵 (整体刚度矩阵), 可根据单元局部编码与整体结构编码的一一对应关系, 由单元的刚度矩阵集成为整体刚度矩阵, $\Delta$ 为结构的节点位移列阵, $P$ 为结构的节点位移列阵.

式 (7.22) 是有限元法的基本方程, 即整体的平衡方程, 为线性代数方程组. 将该方程在边界条件下求解, 可得结构的节点位移, 进而可以求得单元应变和应力.

## 7.3　有限元程序的基本模块和功能

有限元法是通过计算机来实现的. 通用的有限元软件均具有下面功能.

(1) **前处理功能**　主要是对要分析的弹性体进行网格划分, 生成节点和单元信息. 节点编号和单元编号软件通常可自动实现. 根据所研究问题的具体情况和计算精度要求来选择单元的类型, 并赋予相应的材料特性. 不同的单元类型应与不同的位移模式相对应.

(2) **计算功能**　针对所研究的问题, 先确定荷载组合, 施加相应的边界条件, 再确定是进行静力计算还是动力计算, 进行线弹性计算, 塑性计算, 还是大变形计算, 等等. 根据计算条件和计算要求, 选择相应的计算功能, 即可开始计算.

(3) **后处理功能**　计算完成后, 为了方便分析, 大型有限元软件均具有后处理功能, 可提取和显示, 如结构中的位移、应力、应变等信息. 并绘出应力云图、位移云图、主应力矢量图、等值线图等.

典型的有限元程序的计算功能通过下面一些**程序模块**来实现.

(1) **输入模块**　主要输入模型的几何信息 (节点和单元信息), 边界条件信息和材料特性信息等.

(2) **荷载模块**　计算各种形式荷载引起的等效节点力, 包括压力、重力和集中荷载等.

(3) **刚度模块**　计算每个单元的刚度矩阵并存储, 集成整体刚度矩阵并存储, 考虑到整体刚度矩阵的对称性, 通常对半带宽的元素进行存储.

(4) **求解模块**　组集完整体刚度矩阵, 并形成等效节点荷载列阵后, 先进行边界条件处理, 再由解方程模块的程序进行求解线性代数方程组, 求得节点位移, 进而计算单元应变、应力和结构的约束反力, 等等.

(5) **收敛模块**　判断计算结果是否收敛, 主要在非线性问题的计算中需要.

(6) **输出模块**　输出需要的位移、应力和应变等结果.

# 7.4　有限元的应用和算例

### 7.4.1　一些常见单元的特性

在有限元分析中, 可以使用各种不同形状的单元来离散复杂结构. 商用有限元软件一般都具有丰富的单元库供用户选用, 包括杆件单元、平面块体单元、三维实体单元和特殊单元等.

表 7.1 列出了一些常用的单元.

表 7.1　常用单元

| 单元类型 | | 单元形状 | 单元特性 | 应用 |
|---|---|---|---|---|
| 杆件单元 | 轴力杆单元 | | 线性位移模式, 是一种最基本的平面桁架单元, 只承受轴力 | 平面桁架结构 |
| | 梁单元 | | 是一种最基本的平面梁单元, 可承受弯矩、剪力和轴力 | 平面梁结构 (包括斜梁)、平面刚架结构 |

| 单元类型 | | 单元形状 | 单元特性 | 应用 |
|---|---|---|---|---|
| 杆件单元 | 空间梁单元 | 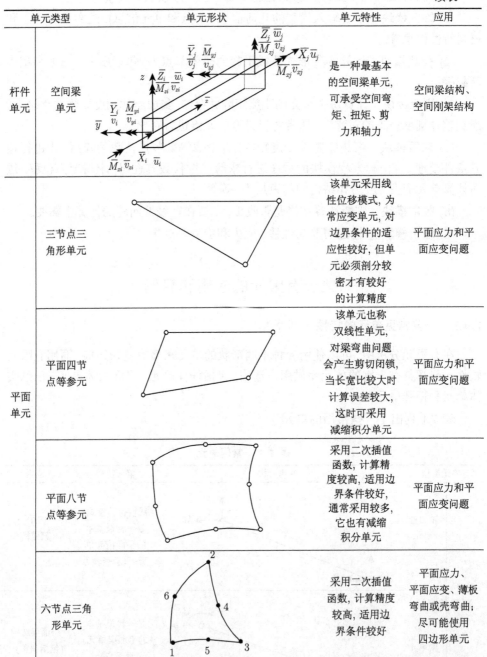 | 是一种最基本的空间梁单元,可承受空间弯矩、扭矩、剪力和轴力 | 空间梁结构、空间刚架结构 |
| 平面单元 | 三节点三角形单元 | | 该单元采用线性位移模式,为常应变单元,对边界条件的适应性较好,但单元必须剖分较密才有较好的计算精度 | 平面应力和平面应变问题 |
| | 平面四节点等参元 | | 该单元也称双线性单元,对梁弯曲问题会产生剪切闭锁,当长宽比较大时计算误差较大,这时可采用减缩积分单元 | 平面应力和平面应变问题 |
| | 平面八节点等参元 | | 采用二次插值函数,计算精度较高,适用边界条件较好,通常采用较多,它也有减缩积分单元 | 平面应力和平面应变问题 |
| | 六节点三角形单元 | | 采用二次插值函数,计算精度较高,适用边界条件较好 | 平面应力、平面应变、薄板弯曲或壳弯曲尽可能使用四边形单元 |

续表

| 单元类型 | 单元形状 | 单元特性 | 应用 |
|---|---|---|---|
| 空间实体单元 | 空间四面体单元 | 该单元采用线性位移模式, 为常应变单元, 对边界条件的适应性较好, 但单元必须剖分较密才有较好的计算精度 | 空间实体结构 |
| | 空间六面体单元 | 该单元也称双线性单元, 对梁弯曲问题会产生剪切闭锁, 当长宽比较大时计算误差较大, 这时可采用减缩积分单元 | 空间实体结构 |
| | 空间二十节点等参元 | 采用二次插值函数, 计算精度较高, 适用边界条件较好, 通常采用较多 | 空间实体结构 |

此外, 还有各种板壳单元、空间轴对称单元, 以及其他高阶单元和特种单元等, 读者可查阅有关有限元书籍和大型有限元软件的用户手册.

在有限元程序的计算中, 大量使用等参元. 等参元又包括完全积分的等参元及减缩积分的等参元. 完全积分等参元是将实际单元映射到基本的规则单元进行计算, 且在数值积分过程中所采用的高斯积分点数目能够对单元刚度矩阵中的插值多项式进行精确积分. 在计算弯曲问题时, 完全积分单元容易出现剪切闭锁现象, 造成单元过于刚硬, 导致即使划分很细的网格, 计算精度仍然很差.

减缩积分单元比完全积分单元在每个方向上少使用一个积分点, 因此称为减缩积分. 减缩积分单元可以缓解完全积分单元可能导致的单元过于刚硬和计算挠度偏小的问题, 故可以避免剪切闭锁问题, 而且单元的形状对于减缩积分单元的计算结果精度影响不大, 因此工程中也常使用减缩积分单元, 但是如果计算应力集中问题, 则尽量不要选用线性减缩积分单元. 其原因是, 线性减缩积分单元只是在单元的中心设有一个积分点, 相当于常应变单元, 它在积分点上的应力结果是相对精确的, 而经过应力的外插值和平均处理后得到的节点应力则不精确. 一般情况下, 二次减缩积分单元是应力和位移问题的最佳选择.

此外, 有限元网格的质量的好坏直接关系到分析是否能够顺利、快速地完成, 也关系到是否能够得到高精度的分析结果. 好的网格包含三个要素:

(1) 合适的单元类型: 在选择单元类型时, 既要注意选择适合所分析问题的类型, 保证结果精度, 又要注意避免过度增大计算工作量.

(2) 良好的单元形状: 单元形状通过选择网格划分技术及控制单元布置形状来实现.

(3) 适当的网格密度: 网格密度要根据具体问题和精度控制要求来进行, 以保证计算精度.

### 7.4.2　构造有限元模型的算例

**例 7.1**　　推导空间四面体常应变单元的刚度矩阵.

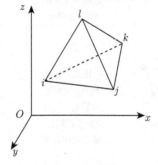

图 7.1　空间四面体单元

(1) 位移模式.

如图 7.1 所示, 最简单的空间单元就是四结点四面体单元, 该单元也称空间常应变单元. 将该单元中的位移分量取为坐标 $x, y, z$ 的线性函数, 即采用线性位移模式 (线性插值函数)

$$\begin{cases} u = \alpha_1 + \alpha_2 x + \alpha_3 y + \alpha_4 z \\ v = \alpha_5 + \alpha_6 x + \alpha_7 y + \alpha_8 z \\ w = \alpha_9 + \alpha_{10} x + \alpha_{11} y + \alpha_{12} z \end{cases} \quad (7.23)$$

从式 (7.23) 可以看出, 常数 $a_1$, $a_5$, $a_9$ 分别代表 $x, y, z$ 方向的刚体平移; $a_2$, $a_7$, $a_{12}$ 分别代表 $x, y, z$ 方向的常量正应变. 还可以证明其余 6 个系数反映了刚体转动和常量剪应变. 这样, 12 个系数就充分反映了单元的刚体位移和常量应变. 此外, 由于位移模式是线性的, 两个相邻单元的共同边界面在变形后还是线性方程, 仍保持两平面的贴合, 代替连续弹性体的离散组合体仍然保持为连续弹性体. 因此, 保证了有限元法解答可以收敛于正确的解答.

下面将单元中任一点的位移用节点位移表示. 由于该位移模式在 4 个角节点也成立, 可先将这 4 个节点坐标带入式 (7.23) 的第一个公式得

$$\begin{cases} u_i = \alpha_1 + \alpha_2 x_i + \alpha_3 y_i + \alpha_4 z_i \\ u_j = \alpha_1 + \alpha_2 x_j + \alpha_3 y_j + \alpha_4 z_j \\ u_k = \alpha_1 + \alpha_2 x_k + \alpha_3 y_k + \alpha_4 z_k \\ u_l = \alpha_1 + \alpha_2 x_l + \alpha_3 y_l + \alpha_4 z_l \end{cases} \quad (7.24)$$

由式 (7.24) 可求出 $\alpha_1, \alpha_2, \alpha_3, \alpha_4$. 再将已求得的 $\alpha_1, \cdots, \alpha_4$ 代回式 (7.23) 中的第一式, 得

$$u = \frac{1}{6V} \left[ (a_i + b_i x + c_i y + d_i z) u_i - (a_j + b_j x + c_j y + d_j z) u_j \right. \\ \left. + (a_k + b_k x + c_k y + d_k z) u_k - (a_l + b_l x + c_l y + d_l z) u_l \right]$$

上式也可写为

$$u = N_i u_i + N_j u_j + N_k u_k + N_l u_l \tag{7.25}$$

式中 $N_i, N_j, N_k, N_l$ 分别表示 $i, j, k, l$ 点的形函数

$$\begin{cases} N_i = \dfrac{1}{6V} (a_i + b_i x + c_i y + d_i z) \ (i, k) \\ N_j = -\dfrac{1}{6V} (a_j + b_j x + c_j y + d_j z) \ (j, l) \end{cases} \tag{7.26}$$

其中, 系数 $a_i, b_i, c_i, d_i$ 的计算公式为

$$\begin{cases} a_i = \begin{vmatrix} x_j & y_j & z_j \\ x_k & y_k & z_k \\ x_l & y_l & z_l \end{vmatrix} (i, j, k, l) \\ b_i = - \begin{vmatrix} 1 & y_j & z_j \\ 1 & y_k & z_k \\ 1 & y_l & z_l \end{vmatrix} (i, j, k, l) \\ c_i = \begin{vmatrix} 1 & x_j & z_j \\ 1 & x_k & z_k \\ 1 & x_l & z_l \end{vmatrix} (i, j, k, k) \\ d_i = - \begin{vmatrix} 1 & x_j & y_j \\ 1 & x_k & y_k \\ 1 & x_l & y_l \end{vmatrix} (i, j, k, l) \end{cases} \tag{7.27}$$

而四面体单元的体积 $V$ 的计算公式为

$$V = \frac{1}{6} \begin{vmatrix} 1 & x_i & y_i & z_i \\ 1 & x_j & y_j & z_j \\ 1 & x_k & y_k & z_k \\ 1 & x_l & y_l & z_l \end{vmatrix} \tag{7.28}$$

注意：为了使体积 $V$ 不致成为负值, 单元的 4 个结点局部码的编号应按右手法则编写, 依次为 $i, j, k, l$.

同理可得 $v, w$ 与 4 个节点位移的线性插值函数关系

$$\begin{cases} v = N_i v_i + N_j v_j + N_k v_k + N_l v_l \\ w = N_i w_i + N_j w_j + N_k w_k + N_l w_l \end{cases} \tag{7.29}$$

式 (7.25) 和式 (7.29) 也可写为矩阵的形式

$$\boldsymbol{u} = \boldsymbol{N} \boldsymbol{\Delta}^e \tag{7.30}$$

式中 $\boldsymbol{u} = [u\ v\ w]^{\mathrm{T}}$ 为单元内任一点的位移, $\boldsymbol{N} = [\boldsymbol{I} N_i\ \boldsymbol{I} N_j\ \boldsymbol{I} N_k\ \boldsymbol{I} N_l]$ 为单元的形函数矩阵, $\boldsymbol{I}$ 为三阶单位矩阵, $\boldsymbol{\Delta}^e$ 为单元的结点位移列阵, 也可写为

$$\boldsymbol{\Delta}^e = [u_i\ v_i\ w_i\ u_j\ v_j\ w_j \cdots u_l\ v_l\ w_l]^{\mathrm{T}} \tag{7.31}$$

式 (7.30) 若完全写为张量抽象符号的形式, 则用粗斜体符号表示, 即为位移模式 (7.12) 的表达形式.

(2) 应变矩阵

将四面体单元的位移表达式 (7.30) 代入几何方程 (7.6), 可得到用节点位移表示的单元应变

$$\boldsymbol{\varepsilon} = \boldsymbol{B} \boldsymbol{\Delta}^e \tag{7.32}$$

式中 $\boldsymbol{B}$ 为应变矩阵, 可写为

$$\boldsymbol{B} = [\boldsymbol{B}_i\ \boldsymbol{B}_j\ \boldsymbol{B}_k\ \boldsymbol{B}_l] \tag{7.33}$$

其子矩阵 $\boldsymbol{B}_i$ 为

$$\boldsymbol{B}_i = \frac{1}{6V} \begin{bmatrix} b_i & 0 & 0 \\ 0 & c_i & 0 \\ 0 & 0 & d_i \\ c_i & b_i & 0 \\ 0 & d_i & c_i \\ d_i & 0 & b_i \end{bmatrix} \quad (i, j, k, l) \tag{7.34}$$

从式 (7.33) 可以看出, $\boldsymbol{B}$ 中的元素都是常量, 故四面体单元中的应变为常量.

(3) 应力矩阵

将表达式 (7.31) 代入物理方程 (7.7), 并考虑到弹性矩阵 $\boldsymbol{D}$ 为

$$
\boldsymbol{D} = \frac{E(1-\nu)}{(1+\nu)(1-2\nu)}
\begin{bmatrix}
1 & & & & & \\
\dfrac{\nu}{1-\nu} & 1 & & \text{对} & & \\
\dfrac{\nu}{1-\nu} & \dfrac{\nu}{1-\nu} & 1 & & \text{称} & \\
0 & 0 & 0 & \dfrac{1-2\nu}{2(1-\nu)} & & \\
0 & 0 & 0 & 0 & \dfrac{1-2\nu}{2(1-\nu)} & \\
0 & 0 & 0 & 0 & 0 & \dfrac{1-2\nu}{2(1-\nu)}
\end{bmatrix}
\tag{7.35}
$$

则可得到单元应力用节点位移表示的关系式

$$
\boldsymbol{\sigma} = \boldsymbol{D}\boldsymbol{\varepsilon} = \boldsymbol{D}\boldsymbol{B}\boldsymbol{\Delta}^e = \boldsymbol{S}\boldsymbol{\Delta}^e
\tag{7.36}
$$

式中 $\boldsymbol{S} = \begin{bmatrix} \boldsymbol{S}_i & \boldsymbol{S}_j & \boldsymbol{S}_k & \boldsymbol{S}_l \end{bmatrix}$ 为应力矩阵, 其子矩阵 $\boldsymbol{S}_i$ 为

$$
\boldsymbol{S}_i = \boldsymbol{D}\boldsymbol{B}_i = \frac{E(1-\nu)}{6(1+\nu)(1-2\nu)V}
\begin{bmatrix}
b_i & A_1 c_i & A_1 d_i \\
A_1 b_i & c_i & A_1 d_i \\
A_1 b_i & A_1 c_i & d_i \\
A_2 c_i & A_2 b_i & 0 \\
0 & A_2 d_i & A_2 c_i \\
A_2 d_i & 0 & A_2 b_i
\end{bmatrix}
\quad (i, j, m, p)
\tag{7.37}
$$

式中

$$
A_1 = \frac{\nu}{1-\nu}, \quad A_2 = \frac{1-2\nu}{2(1-\nu)}
$$

从式 (7.35) 和 (7.36) 可以看出, 单元中的应力也是常量.

(4) 单元刚度矩阵.

将式 (7.32) 和式 (7.34) 代入式 (7.19) 可得四面体单元的刚度矩阵

$$
\boldsymbol{k} =
\begin{bmatrix}
\boldsymbol{k}_{ii} & -\boldsymbol{k}_{ij} & \boldsymbol{k}_{ik} & -\boldsymbol{k}_{il} \\
-\boldsymbol{k}_{ji} & \boldsymbol{k}_{jj} & -\boldsymbol{k}_{jk} & \boldsymbol{k}_{jl} \\
\boldsymbol{k}_{ki} & -\boldsymbol{k}_{kj} & \boldsymbol{k}_{kk} & -\boldsymbol{k}_{kl} \\
-\boldsymbol{k}_{li} & \boldsymbol{k}_{lj} & -\boldsymbol{k}_{lk} & \boldsymbol{k}_{ll}
\end{bmatrix}
\tag{7.38}
$$

其子矩阵为

$$
\begin{aligned}
\boldsymbol{k}_{rs} &= \boldsymbol{B}_r{}^{\mathrm{T}} \boldsymbol{D} \boldsymbol{B}_s \\
&= \frac{E\,(1-v)}{36\,(1+v)\,(1-2v)\,V} \\
&\times \begin{bmatrix}
b_r b_s + A_2\,(c_r c_s + d_r d_s) & A_1 b_r c_s + A_2 c_r b_s & A_1 b_r d_s + A_2 d_r b_s \\
A_1 c_r b_s + A_2 b_r c_s & c_r c_s + A_2\,(b_r b_s + d_r d_s) & A_1 c_r d_s + A_2 d_r c_s \\
A_1 d_r b_s + A_2 b_r d_s & A_1 d_r c_s + A_2 c_r d_s & d_r d_s + A_2\,(b_r b_s + c_r c_s)
\end{bmatrix}
\end{aligned}
$$

$$(r=i,j,k,l;\, s=i,j,k,l) \tag{7.39}$$

### 7.4.3　有限元工程应用算例

**例 7.2**　利用有限元方法计算分析重力坝的应力场和位移场.

如图 7.2 所示, 一座混凝土重力坝, 坝高 65m, 底宽 49m, 混凝土弹性模量为 $E = 15\mathrm{GPa}$, 泊松比取 $\nu = 0.2$, 水密度 $1\mathrm{t/m^3}$, 混凝土密度 $2.45\mathrm{t/m^3}$. 汛期水位为 60m, 考虑水压力和混凝土重力共同作用下的应力分析. 计算时按平面应变问题考虑, 采用 20×40 的四边形单元剖分网格, 如图 7.3 所示.

利用自编的基于余能原理岩体力学问题新型有限元法 —— 基面力元法[13] 程序对汛期重力坝的应力场进行了分析, 并与 ABAQUS 中的平面四节点等参元 Q4 单元和平面四节点减缩积分等参元 Q4R 单元的解进行了对比分析.

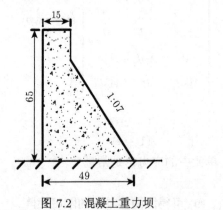
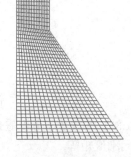

　　图 7.2　混凝土重力坝　　　　　　　图 7.3　重力坝的有限元网格

将坝 1/2 坝高处单元应力场和挡水面节点位移场的对比结果绘于图 7.4~ 图 7.8.

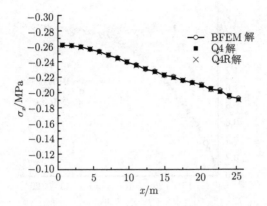

图 7.4 大坝 1/2 坝高处的 $x$-$\sigma_x$ 曲线

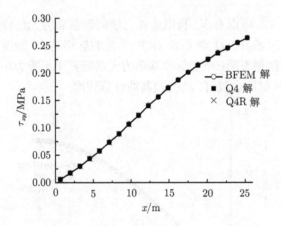

图 7.5 大坝 1/2 坝高处的 $x$-$\tau_{xy}$ 曲线

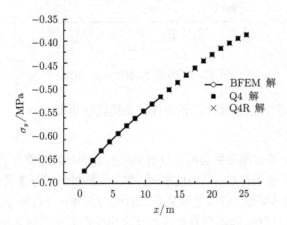

图 7.6 大坝 1/2 坝高处的 $x$-$\sigma_y$ 曲线

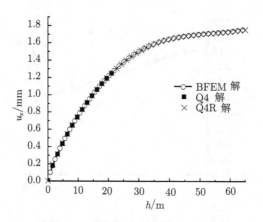

图 7.7　大坝挡水面的 $h$-$u_x$ 曲线

从图 7.4~ 图 7.8 可以看出, 利用岩体力学问题基面力元法程序的应力和位移计算结果与 ABAQUS 中 Q4 单元和 Q4R 单元的解相吻合, 验证了基面力元法程序的正确性. 计算结果表明: 余能原理基面力元法能够用于重力坝应力场和位移场分析, 与 ΛBAQUS 解吻合较好, 具有较高的计算精度.

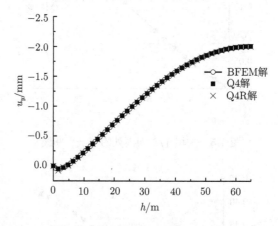

图 7.8　大坝挡水面的 $h$-$u_y$ 曲线

**例 7.3**　再生混凝土试件单轴拉伸试验的数值模拟.

(1) 模型的建立.

物理模型: 为了实现再生混凝土试件强度性能的仿真计算分析, 在细观层次上将试件看成是由天然粗骨料、老硬化水泥砂浆、天然粗骨料与老硬化水泥砂浆的老粘结带、新硬化水泥砂浆, 以及老硬化水泥砂浆与新硬化水泥砂浆的新粘结带形成的五相非均质复合材料, 以随机骨料模型代表再生混凝土的细观结构.

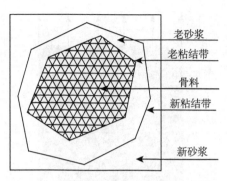

图 7.9   再生混凝土材料各相属性示意图

具体模拟方法是: 考虑骨料在混凝土中的随机分布, 借助蒙特卡罗方法产生的伪随机数来确定骨料的圆心位置并绘制出圆形骨料形状, 在此基础上, 根据面积等效原则随机扩展得到任意凸多边形骨料的形状, 再采用三角形单元对试件进行有限元网格剖分, 然后将有限元网格投影到该试件上, 不同的区域赋予不同的材料属性, 从而建立再生混凝土随机骨料模型, 其中再生混凝土随机骨料模型包括 5 种类型的单元, 即骨料单元, 老砂浆单元, 新砂浆单元, 老粘结带单元和新粘结带单元, 如图 7.9 所示.

数学模型: 采用一种新型的有限元法 —— 基于势能原理的损伤分析问题基面力元法 [14], 选取三角形单元. 数值分析: 应用此种非线性损伤基面力元法模拟试件的细观损伤断裂, 从而求得其宏观力学强度和破坏过程, 据此来解释试件的破坏机理.

(2) 材料参数和加载方式.

再生混凝土由五相组成, 选取试件各相材料参数见表 7.2.

表 7.2   再生混凝土各相介质的材料参数

| 材料 | 弹性模量/GPa | 泊松比 | 抗拉强度/MPa | $\lambda$ | $\eta$ | $\xi$ |
|---|---|---|---|---|---|---|
| 天然骨料 | 70 | 0.16 | 10 | 0.1 | 5 | 10 |
| 老粘结带 | 13 | 0.2 | 2 | 0.1 | 3 | 10 |
| 老水泥砂浆 | 25 | 0.22 | 2.5 | 0.1 | 4 | 10 |
| 新粘结带 | 15 | 0.2 | 2 | 0.1 | 3 | 10 |
| 新水泥砂浆 | 30 | 0.22 | 3 | 0.1 | 4 | 10 |

本算例用再生混凝土的二维随机凸多边形骨料模型来模拟再生混凝土试件的单轴拉伸试验, 试件底边所有结点的竖向位移均被约束, 而中间结点的水平位移及竖向位移都被约束住, 简化后的加载示意图如图 7.10 所示. 计算中采用位移逐级加载, 模拟单轴拉伸试验所选用的加载步长为 0.001mm.

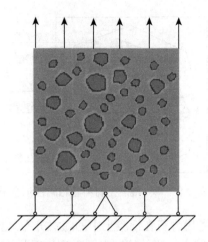

图 7.10    再生混凝土试件加载示意图 (详见书后彩页)

(3) 试件抗拉强度的数值模拟.

根据试验采用的一级配再生混凝土立方体试件尺寸, 计算中按平面问题处理, 取试件断面尺寸为 100mm×100mm. 其中, 最大再生粗骨料粒径为 20mm, 最小粒径为 5mm. 骨料附着砂浆含量选取 42%. 选取三种骨料代表粒径, 粒径 $D=20\sim15$mm 的骨料取代表粒径为 17.5mm, 经计算骨料颗粒数为 3, 砂浆层厚度为 2.47mm; 粒径 $D=15\sim10$mm 的骨料取代表粒径为 12.5mm, 骨料颗粒数为 9, 砂浆层厚度为 1.76mm; 粒径 $D=10\sim5$mm 的骨料取代表粒径为 7.5mm, 骨料颗粒数为 37, 砂浆层厚度为 1.06mm. 采用三角形有限元网格剖分, 剖分尺寸为 0.8mm. 三组试件骨料投放位置同圆骨料模型, 根据所占截面面积相等原则, 在圆骨料基础上生成凸多边形骨料, 排除了骨料位置不同对计算分析结果的影响, 计算模型如图 7.11 所示.

试件1                      试件2                      试件3

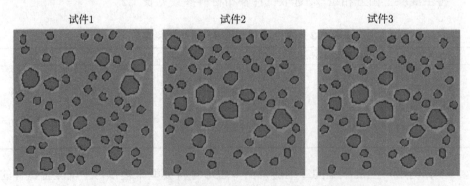

图 7.11    一级配再生混凝土随机骨料模型 (详见书后彩页)

运用自编基于基面力概念的再生混凝土细观损伤分析程序, 对上面三个试件进行平面应力分析, 得到应力-应变曲线如图 7.12 所示.

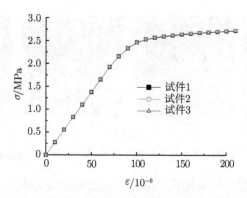

图 7.12  再生混凝土材料单轴拉伸应力应变曲线 (详见书后彩页)

经计算三种模型的抗拉强度分别为 2.63MPa, 2.63MPa, 2.65MPa, 取其平均值 2.64MPa 为该组试件的抗拉强度. 综合一些参考文献给出的再生混凝土试验抗拉强度在 2.0MPa~3.0MPa, 由于再生粗骨料的来源不同导致结果离散, 本节的计算结果在上述范围之内. 因此, 本节的计算结果与试验结果基本相符.

(4) 试件损伤破坏过程的数值模拟.

计算中, 运用 Fortran 中 QuickWin 图形显示模块, 实时显示试件单轴拉伸的损伤破坏过程, 模拟试件的裂纹扩展规律. 图中黑色为破坏单元. 再生混凝土的细观裂纹最早从老粘结带单元开始, 裂纹由新老粘结带单元绕过骨料沿垂直于受力方向向新老砂浆单元延伸, 直至裂纹贯通试件破坏. 裂纹扩展过程如图 7.13 所示, 裂纹延展方向符合实际规律.

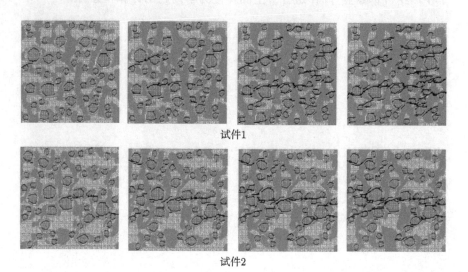

试件1

试件2

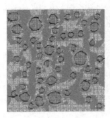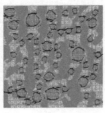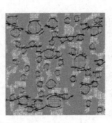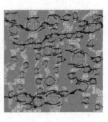

试件3

图 7.13    单轴拉伸下再生混凝土裂纹扩展过程 (详见书后彩页)

计算结果表明, 试件的单轴抗压强度与试验结果较为吻合, 试件的破坏机理符合一般规律, 该方法为再生混凝土试件强度性能的数值模拟提供了一种新的技术途径.

# 思考题与习题 7

**7-1**    为了保证有限元法解答的收敛性, 位移模式应满足哪些条件?

**7-2**    单元刚度矩阵和整体刚度矩阵各有什么特征? 试问四面体单元的位移模式中哪些待定系数反映了刚体转动和常量剪应变? 为什么?

**7-3**    试推导平面三角形单元的单元刚度矩阵.

**7-4**    试推导出空间四面体单元自重的等效荷载列阵.

**7-5**    结合本专业方向, 进行一平面弹性力学问题的计算和分析.

**7-6**    结合本专业方向, 进行一空间弹性力学问题的计算和分析.

# 附录　理论分析应力、位移场的 MATLAB 计算程序

## 程序 -1: 悬臂梁自由端受集中力问题应力场计算程序

$$\text{理论公式:} \begin{cases} \sigma_x = -\dfrac{P}{I_2}xy \\ \sigma_y = 0 \\ \tau_{xy} = -\dfrac{P}{2I_2}(h^2 - y^2) \end{cases}$$

**MATLAB 程序:**

```
y=input(' 请输入 y: ');
%梁截面高为 2h
h=4;
x=10;
P=8;
I=(2*h^3)/3;
s11=-(P*x*y)/I;
s12=-(P*(h^2-y 2))/(2*I);
m=[y;s11;s12]
```

## 程序 -2: 受均布荷载悬臂梁弯曲问题应力场计算程序

$$\text{理论公式:} \begin{cases} \sigma_x = \dfrac{qx^2y}{2I_2} - \dfrac{q}{2I_2}\left(\dfrac{2}{3}y^3 - \dfrac{h'^2}{10}y\right) \\ \sigma_y = -\dfrac{q}{2}\left(1 + \dfrac{3y}{h'} - \dfrac{4y^3}{h'^3}\right) \\ \tau_{xy} = \dfrac{q}{2I_2}(y^2 - \dfrac{h'^2}{4})x \end{cases}$$

**MATLAB 程序:**

```
b=1;h=8;
i=1/12*b*h^3
q=1;
x=5
y=[4 2 0 -2 -4]
for k=1:5
```

```
sigmx(k)=q*x^2*y(k)/2/i-q/2/i*(2/3*y(k)^3-h^2/10*y(k))
sigmy(k)=-q/2*(1+3*y(k)/h-4*y(k)^3/h^3)
sigmxy(k)=q/2/i*(y(k)^2-h^2/4)*x
end
```

## 程序 -3: 受自重和水压力楔形体应力场计算程序

**理论公式:** $\begin{cases} \sigma_x = -\rho_2 gy \\ \sigma_y = (\rho_1 g \cot\alpha - 2\rho_2 g \cot^3\alpha)x + (\rho_2 g \cot^2\alpha - \rho_1 g)y \\ \tau_{xy} = \tau_{yx} = -\rho_2 gx \cot^2\alpha \end{cases}$

**MATLAB 程序:**

```
x=input(' 请输入 x: ');
y=input(' 请输入 y: ');
i=1000;
j=2500;
g=9.8;
h=sqrt(3);
s11=-i*g*y;
s22=(j*g*h-2*i*h*h*h)*x+(i*g*h*h*h-j*g)*y;
s12=-i*g*x*h*h*h
m=[x:y;s11;s22:s12]
```

## 程序 -4: 承受重力与均布压力半空间体应力和位移场计算程序

**理论公式:**

$$\sigma_x = \sigma_y = -\frac{\nu}{1-\nu}(q+\rho gz), \quad \sigma_z = -(q+\rho gz)$$
$$\tau_{yz} = \tau_{zx} = \tau_{xy} = 0$$

$$w = \frac{(1+\nu)(1-2\nu)}{E(1-\nu)}\left[q(h-z)+\frac{\rho g}{2}(h^2-z^2)\right]$$

**MATLAB 程序:**

```
z=input(' 请输入 z:');
u=0.28;
q=1;
```

```
h=100;
p=3;
E=1.2*10^10;
g=9.8;
w=(1+u)*(1-2*u)/E/(1-u)*(q*h-q*z+p*g*h^2/2-p*g*z^2/2);
mx=-u/(1-u)*(q+p*g*z);
mz=-(q+p*g*z);
format long
x=[w;mx;mz]
```

# 程序 -5: 圆环或圆筒受均布压力问题应力场计算程序

理论公式:
$$\begin{cases} \sigma_r = \dfrac{a^2b^2}{b^2-a^2}\dfrac{q_2-q_1}{r^2} + \dfrac{a^2q_1-b^2q_2}{b^2-a^2} \\ \sigma_\theta = -\dfrac{a^2b^2}{b^2-a^2}\dfrac{q_2-q_1}{r^2} + \dfrac{a^2q_1-b^2q_2}{b^2-a^2} \\ \tau_{r\theta} = \tau_{\theta r} = 0 \end{cases}$$

**MATLAB 程序 -1:**

```
r=input(' 请输入半径 r: ');
a=0.5;
b=1;
q1=10;
q2=5;
s11=a^2*b^2/(b^2-a 2)*(q2-q1)./r.^2+(a^2*q1-b^2*q2)/(b^2-a^2);
s22=-a^2*b^2/(b^2-a 2)*(q2-q1)./r.^2+(a^2*q1-b^2*q2)/(b^2-a^2);
m=[r;s11;s22]
```

**MATLAB 程序 -2**(厚壁圆筒受内压, 可自动绘结果对比曲线):

```
r=1.325;
a=1;b=1.5;
P=1;
t=0:0.0001:pi/2;
x=[4.5 13.5 22.5 31.5 40.5 49.5 58.5 67.5 76.5 85.5];
ABA1=[0.3865,0.4455,0.8185,-1,-1.5,-1.5,-2,-2,-2,-0.9865];
FEM1=[-0.1535 -0.5545 -0.9062 -1.2337 -1.5317 -1.7914 -2.0101
        -2.1929 -2.4150 -0.7260];
ABA2=[0.4805,1.5,3,4,4.5,5.5,6,7,7.5,7.5];
```

```
FEM2=[0.6563 1.9385 3.1694 4.3255 5.3749 6.2908 7.0532 7.6602 8.2571
     8.2314];
ABA3=[2,2,2,2,2,1.5,1,0.8525,0.5215,0.2595];
FEM3=[2.3457 2.3037 2.1839 2.0138 1.7960 1.5351 1.2368 0.8999 0.5284
     0.3147];
N=a^2-b^2+(a^2+b^2)*log(b/a);
y1=(P/N)*(r+a^2*b^2/r^3-(a^2+b^2)/r).*sin(t);
y2=(P/N)*(3*r-a^2*b^2/r^3-(a^2+b^2)/r).*sin(t);
y3=-(P/N)*(r+a^2*b^2/r^3-(a^2+b^2)/r).*cos(t);
plot(t*180/pi,y1,'r-',t*180/pi,y2,'y-',t*180/pi,y3,'b-',x,ABA1,'o',x,
     FEM1,'*',x,ABA2,'+',x,FEM2,'v',x,ABA3,'s',x,FEM3,'d');
xlabel('θ','FontSize',16);ylabel('σ_i_j','FontSize',16);
```

## 程序 -6：无限大平板中孔口应力集中问题应力场计算程序

$$\text{理论公式：}\begin{cases} \sigma_r = \dfrac{q}{2}(1-\dfrac{a^2}{r^2}) + \dfrac{q}{2}(1-\dfrac{a^2}{r^2})(1-\dfrac{3a^2}{r^2})\cos 2\theta \\[2mm] \sigma_\theta = \dfrac{q}{2}(1+\dfrac{a^2}{r^2}) - \dfrac{q}{2}(1+\dfrac{3a^4}{r^4})\cos 2\theta \\[2mm] \tau_{r\theta} = \tau_{\theta r} = -\dfrac{q}{2}(1-\dfrac{a^2}{r^2})(1+\dfrac{3a^2}{r^2})\sin 2\theta \end{cases}$$

**MATLAB 程序 -1：**

```
%计算沿孔口边缘的环向应力程序：
x=input(' 请输入 x: ');
y=input(' 请输入 y: ');
q=100;
e=(x.^2-y.^2)./(x.^2+y.^2);
b=q*(1-2*e);
format long
c=acos(e)/2;
m=[x;y;e;c;b]
```

**MATLAB 程序 -2：**

```
%计算沿 x 轴上的环向应力
r=input(' 请输入半径 r: ');
a=5;
b=-50*a^2./r.^2.*(3*a^2./r.^2-1);
```

```
format long
m=[r;b]
```

**MATLAB 程序 -3：**

```
%计算沿 y 轴的环向应力：
r=input(' 请输入 r: ');
q=100;
a=5;
be=q*(1+a^2/(2*r.^2)+3*a^4/(2*r.^4));
m=[r;be]
```

# 程序 -7：内外表面承受均匀压力球壳问题应力场计算程序

**理论公式：**
$$\begin{cases} u_r = \dfrac{q_b b^3 - q_a a^3}{(3\lambda + 2G)(a^3 - b^3)}r + \dfrac{(q_b - q_a)\,a^3 b^3}{4G(a^3 - b^3)}\dfrac{1}{r^2} \\[3mm] \sigma_r = \dfrac{q_b b^3 - q_a a^3}{a^3 - b^3} - \dfrac{(q_b - q_a)\,a^3 b^3}{2(a^3 - b^3)}\dfrac{1}{r^3} \\[3mm] \sigma_\phi = \sigma_\theta = \dfrac{q_b b^3 - q_a a^3}{a^3 - b^3} + \dfrac{(q_b - q_a)\,a^3 b^3}{2(a^3 - b^3)}\dfrac{1}{r^3} \end{cases}$$

**MATLAB 程序：**

```
x=input(' 请输入 x:');
y=input(' 请输入 y:');
r=sqrt(x.^2+y.^2);
a=50;
b=60;
qa=2;
qb=1;
E=2*10^11;
v=0.3;
m=a^3*(1-b^3/r^3)*qa/(b^3-a^3)-b^ 3*(1-a^3/r^3)*qb/(b^3-a^3);
n=a^3*(1+b^3/r^3/2)*qa/(b^3-a^3)-b^3*(1+a^3/r^3/2)*qb/(b^3-a^3);
p=(1-2*v)/E*(a^3*qa-b^3*qb)/(b^3-a^ 3)*r+(1+v)/E/2*a^3*b^3*(qa-qb)/
   (b^3-a^3)/r^2;
format long
x=[m;n;p]
```

# 程序 -8：边界固定椭圆形薄板承受均布荷载问题应力场计算程序

**理论公式 -1**：$w = \dfrac{q_0 \left(\dfrac{x^2}{a^2} + \dfrac{y^2}{b^2} - 1\right)^2}{8D \left(\dfrac{3}{a^4} + \dfrac{2}{a^2 b^2} + \dfrac{3}{b^4}\right)}$

## MATLAB 程序 -1：

```
%常数部分已手工计算，仅保留变量计算
x=input(' 请输入一点横坐标 x:');
y=0.5
w=90.878*x^2./1406.59
wo=[x;y;w]
```

### 理论公式 -2：

$$M_x = -\frac{q_0}{2\left(\dfrac{3}{a^4} + \dfrac{2}{a^2 b^2} + \dfrac{3}{b^4}\right)} \left[\left(\frac{3x^2}{a^4} + \frac{y^2}{a^2 b^2} - \frac{1}{a^2}\right) + \nu\left(\frac{3y^2}{b^4} + \frac{x^2}{a^2 b^2} - \frac{1}{b^2}\right)\right]$$

$$M_y = -\frac{q_0}{2\left(\dfrac{3}{a^4} + \dfrac{2}{a^2 b^2} + \dfrac{3}{b^4}\right)} \left[\left(\frac{3y^2}{b^4} + \frac{x^2}{a^2 b^2} - \frac{1}{b^2}\right) + \nu\left(\frac{3x^2}{a^4} + \frac{y^2}{a^2 b^2} - \frac{1}{a^2}\right)\right]$$

### MATLAB 程序 -2：

```
q=0.02*10^6;a=1;b=0.5;h=0.008;e=30000*10^6;v=0.3;
x=0;y=[0.5 0.375 0.25 0.125 0 -0.125 -0.25 -0.375 -0.5];
for i=1:9
mx=q/2/(3/a^4+2/a^2/b^2+3/b^ 4)*((3*x^2/a^4+y(i)^2/a^2/b^2-1/a^2)+
    v*(3*y(i)^2/b^4+x^2/a^2/b^2-1/b^2))
end
y=0;x=[-1 -0.7143 -0.4286 -0.1429 0 0.1429 0.4286 0.7143 1];
for j=1:9
my=q/2/(3/a^4+2/a^2/b^2+3/b^4)*((3*y^2/b^4+x(j)^2/a^2/b^2-1/b^2)+
    v*(3*x(j)^2/a^4+y^2/a^2/b^2-1/a^2))
end
```

# 部分习题答案

## 第 2 章

**2-4** $\sigma_n = 7.81\text{MPa}$, $\tau_n = 32.61\text{MPa}$, $\sigma_1 = 29.89\text{MPa}$, $\sigma_2 = 17.57\text{MPa}$, $\sigma_3 = -41.46\text{MPa}$, $\tau_{\max} = 35.67\text{MPa}$.

**2-6** $\varepsilon_1 = 1100 \times 10^{-6}, \varepsilon_2 = 100 \times 10^{-6}, \theta_1 = 71.56°, \theta_2 = -18.44°$.

## 第 3 章

**3-5** 面力的分布如下图所示：

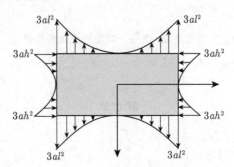

**3-6**

$$\sigma_x = \rho g x \cot \alpha - 2\rho g y \cot^2 \alpha$$
$$\sigma_y = -\rho g y$$
$$\tau_{xy} = -\rho g y \cot \alpha$$

## 第 4 章

**4-5**

$$\sigma_r = \sigma_\theta = 0, \tau_{r\theta} = -\tau_0 \frac{b^2}{r^2}; u_r = 0; u_\theta = \frac{\tau_0 b^2}{2Ga^2 r} \left(a^2 - r^2\right)$$

**4-6**

$$\sigma_r = \frac{P}{N} \left(r - \frac{a^2 + b^2}{r} + \frac{a^2 b^2}{r^3}\right) \sin \theta$$
$$\sigma_\theta = \frac{P}{N} \left(3r - \frac{a^2 + b^2}{r} - \frac{a^2 b^2}{r^3}\right) \sin \theta$$
$$\tau_{r\theta} = -\frac{P}{N} \left(r - \frac{a^2 + b^2}{r} + \frac{a^2 b^2}{r^3}\right) \cos \theta$$
$$N = (a^2 - b^2) + (a^2 + b^2) \ln \frac{a}{b}$$

**4-7** $\quad (u_z)_{\max} = \dfrac{1-\nu}{G} qa$

**4-8**　$(u_r)_{\max} = \dfrac{(1-2\nu)(1+\nu)\,qa\left(\dfrac{b^2}{a^2}-1\right)}{E\left[(1+\nu)+2(1-2\nu)\dfrac{b^3}{a^3}\right]}$　$(\sigma_\theta)_{\max}=(\sigma_\phi)_{\max}$

$$=\frac{q\left[(1-2\nu)\dfrac{b^3}{a^3}-(1+\nu)\right]}{(1+\nu)+2(1-2\nu)\dfrac{b^3}{a^3}}.$$

## 第 5 章

**5-4**　$w=-\dfrac{M_1-\nu M_2}{2D(1-\nu^2)}x^2-\dfrac{M_2-\nu M_1}{2D(1-\nu^2)}y^2+C_1x+C_2y+C_3$，其中待定系数可根据具体的边界条件确定.

**5-5**　$w=\displaystyle\sum_{m=1}^{\infty}\left[A_m\cosh\dfrac{m\pi y}{a}+B_m\dfrac{m\pi y}{a}\sinh\dfrac{m\pi y}{a}+C_m\sinh\dfrac{m\pi y}{a}+D_m\dfrac{m\pi y}{a}\cosh\dfrac{m\pi y}{a}\right.$
$\left.+Y_m^*(y)\sin\dfrac{m\pi x}{a}\right].$

其中, $A_m,B_m,C_m$ 和 $D_m$ 为待定系数, 由另一对边的支承条件确定.

**5-6**　$w=\dfrac{Pxy}{2(1-\nu)D}$, $M_x=M_y=0$, $M_{xy}=-\dfrac{P}{2}$, $Q_x=Q_y=0$, $R_A=R_C=P$ (向上), $R_O=P$ (向下).

## 第 6 章

**6-6**　$u=\dfrac{35(1+v)c}{42\dfrac{b}{a}+20(1-\nu)\dfrac{a}{b}}\dfrac{xy}{ab}\left(1-\dfrac{x^2}{a^2}\right)\left(1-\dfrac{y}{b}\right),$

$$v=-c\left(1-\frac{x^2}{a^2}\right)\frac{y}{b}+\frac{50(1-\nu)c}{16\dfrac{a^2}{b^2}+2(1-\nu)}\frac{y}{b}\left(1-\frac{x^2}{a^2}\right)\left(1-\frac{y}{b}\right).$$

## 第 7 章

**7-3**　3 节点三角形单元的局部码为 $i,j,m$,

$$\boldsymbol{K}^e=\left[\begin{array}{ccc}k_{ii} & k_{ij} & k_{im}\\ k_{ji} & k_{jj} & k_{jm}\\ k_{mi} & k_{mj} & k_{mm}\end{array}\right]^e$$

其中

$$k_{rs}=\frac{(1-\nu)Et}{4(1-\nu^2)A}\left[\begin{array}{cc}b_rb_s+\dfrac{1-\mu}{2}c_rc_s & \mu b_rc_s+\dfrac{1-\mu}{2}c_rb_s\\ \mu c_rb_s+\dfrac{1-\mu}{2}b_rc_s & c_rc_s+\dfrac{1-\mu}{2}b_rb_s\end{array}\right]$$

$(r=i,j,m;s=i,j,m)$

**7-4**　$\boldsymbol{P}^e=\left[\begin{array}{cccccccccccc}0 & 0 & -W/4 & 0 & 0 & -W/4 & 0 & 0 & -W/4 & 0 & 0 & -W/4\end{array}\right]^{\mathrm{T}}$
式中 $W$ 为四面体单元的总重量.

# 参 考 文 献

[1] 徐芝纶. 弹性力学简明教程. 4 版. 北京：高等教育出版社, 2013

[2] 徐芝纶. 弹性力学 (上、下册). 3 版. 北京：高等教育出版社, 2004

[3] 吴家龙. 弹性力学. 北京：高等教育出版社, 2001

[4] 江理平, 唐寿高, 王俊民. 工程弹性力学. 上海：同济大学出版社, 2002

[5] 陆明万, 张雄, 葛东云. 工程弹性力学与有限元法. 北京：清华大学出版社, 2005

[6] 杨桂通. 弹性力学.2 版. 北京：高等教育出版社, 2011

[7] 陆明万, 罗学富. 弹性理论基础. 北京：清华大学出版社, 1990

[8] 米海珍. 弹性力学. 北京：清华大学出版社, 2013

[9] 凌伟, 黄上恒. 工程应用弹性力学. 西安：西安交通大学出版社, 2008

[10] 李兆霞, 郭力. 工程弹性力学. 南京：东南大学出版社, 2009

[11] 薛强, 马士进, 童智能. 弹性力学. 北京：北京大学出版社, 2006

[12] 苏少卿, 刘丹丹, 关群. 弹性力学. 武汉：武汉工业大学出版社, 2013

[13] Peng Y J, Zong N N, Zhang L J,Pu J W. Application of 2D base force element method with complementary energy principle for arbitrary meshes. Engineering Computations, 2014, 31(4): 691-708

[14] Peng Y J, Liu Y H, Pu J W, Zhang L J. Application of base force element method to mesomechanics analysis for recycled aggregate concrete. Mathematical Problems in Engineering, 2013, 2013: 1-8

# 索　引

# 彩　　页

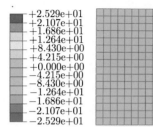

图 3.11　悬臂梁的 $\sigma_x$ 应力云图

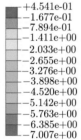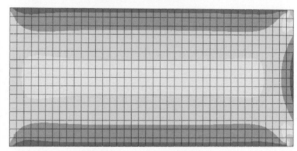

图 3.12　悬臂梁的 $\tau_{xy}$ 应力云图

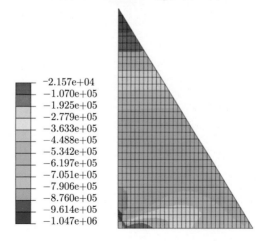

图 3.18　楔形体的 $\sigma_x$ 应力云图

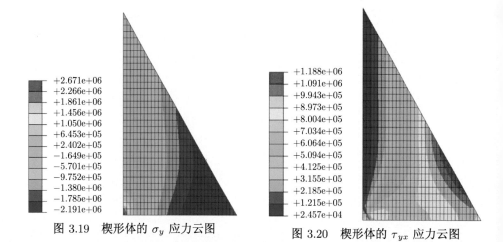

图 3.19　楔形体的 $\sigma_y$ 应力云图　　　　　图 3.20　楔形体的 $\tau_{yx}$ 应力云图

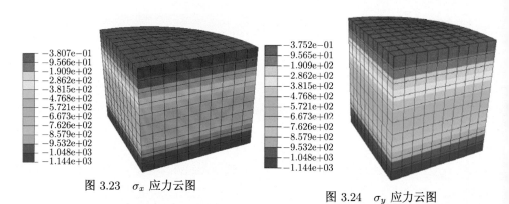

图 3.23　$\sigma_x$ 应力云图　　　　　　　图 3.24　$\sigma_y$ 应力云图

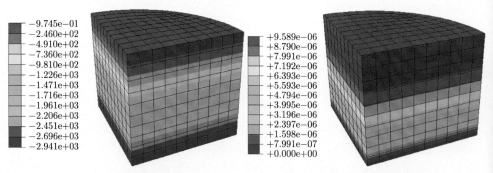

图 3.25　$\sigma_z$ 应力云图　　　　　　　图 3.26　$w$ 应力云图

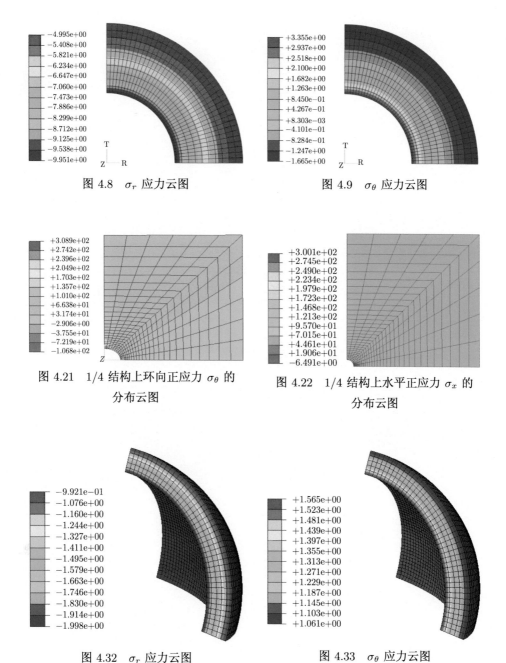

图 4.8　$\sigma_r$ 应力云图

图 4.9　$\sigma_\theta$ 应力云图

图 4.21　1/4 结构上环向正应力 $\sigma_\theta$ 的分布云图

图 4.22　1/4 结构上水平正应力 $\sigma_x$ 的分布云图

图 4.32　$\sigma_r$ 应力云图

图 4.33　$\sigma_\theta$ 应力云图

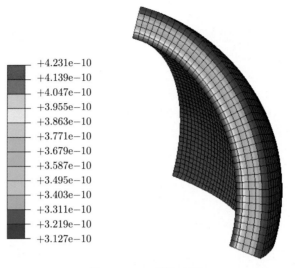

+4.231e−10
+4.139e−10
+4.047e−10
+3.955e−10
+3.863e−10
+3.771e−10
+3.679e−10
+3.587e−10
+3.495e−10
+3.403e−10
+3.311e−10
+3.219e−10
+3.127e−10

图 4.34　$u_r$ 移位云图

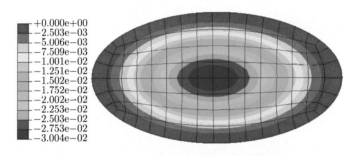

+0.000e+00
−2.503e−03
−5.006e−03
−7.509e−03
−1.001e−02
−1.251e−02
−1.502e−02
−1.752e−02
−2.002e−02
−2.253e−02
−2.503e−02
−2.753e−02
−3.004e−02

图 5.8　周边固定椭圆形薄板受均布荷载作用的挠度分布规律研究云图

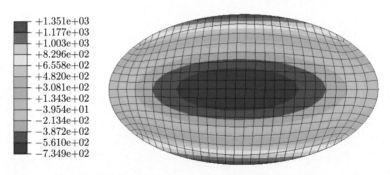

+1.351e+03
+1.177e+03
+1.003e+03
+8.296e+02
+6.558e+02
+4.820e+02
+3.081e+02
+1.343e+02
−3.954e+01
−2.134e+02
−3.872e+02
−5.610e+02
−7.349e+02

图 5.10　该薄板单位宽度截面上绕 $x$ 轴转动的弯矩 $M_y$ 分布规律研究云图

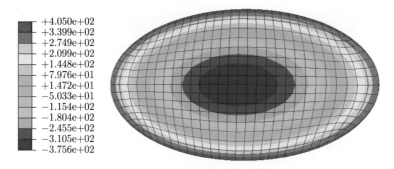

图 5.11　该薄板单位宽度截面上绕 $y$ 轴转动的弯矩 $M_x$ 分布规律研究云图

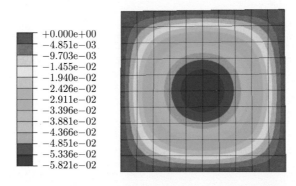

图 5.14　周边简支方形薄板受均布荷载作用的挠度分布规律研究云图

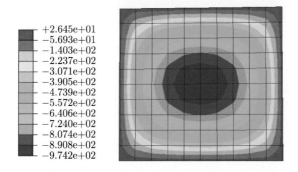

图 5.15　该方形薄板单位宽度截面上绕 $y$ 轴转动的弯矩 $M_x$ 分布规律研究云图

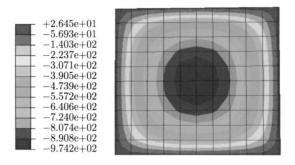

$$
\begin{array}{l}
+2.645\mathrm{e}{+}01 \\
-5.693\mathrm{e}{+}01 \\
-1.403\mathrm{e}{+}02 \\
-2.237\mathrm{e}{+}02 \\
-3.071\mathrm{e}{+}02 \\
-3.905\mathrm{e}{+}02 \\
-4.739\mathrm{e}{+}02 \\
-5.572\mathrm{e}{+}02 \\
-6.406\mathrm{e}{+}02 \\
-7.240\mathrm{e}{+}02 \\
-8.074\mathrm{e}{+}02 \\
-8.908\mathrm{e}{+}02 \\
-9.742\mathrm{e}{+}02
\end{array}
$$

图 5.16　该方形薄板单位宽度截面上绕 $x$ 轴转动的弯矩 $M_y$ 分布规律研究云图

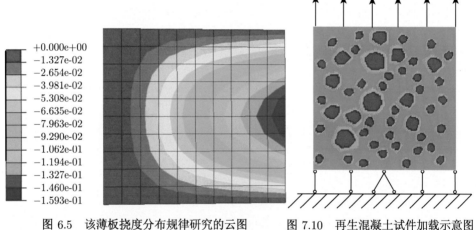

$$
\begin{array}{l}
+0.000\mathrm{e}{+}00 \\
-1.327\mathrm{e}{-}02 \\
-2.654\mathrm{e}{-}02 \\
-3.981\mathrm{e}{-}02 \\
-5.308\mathrm{e}{-}02 \\
-6.635\mathrm{e}{-}02 \\
-7.963\mathrm{e}{-}02 \\
-9.290\mathrm{e}{-}02 \\
-1.062\mathrm{e}{-}01 \\
-1.194\mathrm{e}{-}01 \\
-1.327\mathrm{e}{-}01 \\
-1.460\mathrm{e}{-}01 \\
-1.593\mathrm{e}{-}01
\end{array}
$$

图 6.5　该薄板挠度分布规律研究的云图　　图 7.10　再生混凝土试件加载示意图

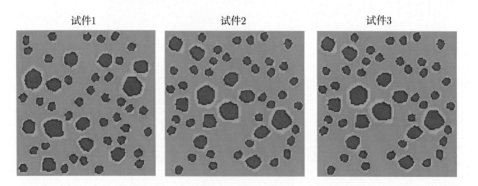

图 7.11　一级配再生混凝土随机骨料模型

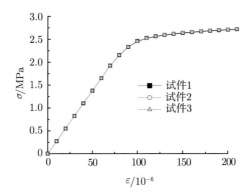

图 7.12 再生混凝土材料单轴拉伸应力应变曲线

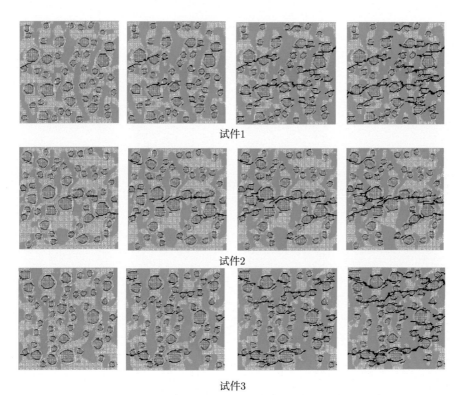

试件1

试件2

试件3

图 7.13 单轴拉伸下再生混凝土裂纹扩展过程